高职高专土建类建筑工程技术专业课程试题库

建筑设备试题库

主　编　张胜峰

副主编　李　涛　胡　昊

中国水利水电出版社
www.waterpub.com.cn

内 容 提 要

本书是在建筑工程技术专业人才培养方案和"建筑设备"课程标准的指导下,以国家现行规程规范为依据编制的。主要内容包括建筑给水系统、建筑排水系统、给排水施工与维护、供暖通风与空调、燃气与热水供应、建筑供配电及照明系统、建筑弱电共七章的试题,并在书后附试题答案。

本书可作为高职高专院校、高等专科学校、成人教育学院的建筑工程技术、建筑工程管理等专业教学参考用书,满足职业教育双证制的要求,也可供广大专业技术人员作为职业资格考试的参考书。

图书在版编目(CIP)数据

建筑设备试题库 / 张胜峰主编. -- 北京 : 中国水利水电出版社,2014.5(2020.11重印)
高职高专土建类建筑工程技术专业课程试题库
ISBN 978-7-5170-2022-6

Ⅰ. ①建… Ⅱ. ①张… Ⅲ. ①房屋建筑设备-高等职业教育-教材 Ⅳ. ①TU8-44

中国版本图书馆CIP数据核字(2014)第097668号

书　　名	高职高专土建类建筑工程技术专业课程试题库 **建筑设备试题库**
作　　者	主编　张胜峰　副主编　李涛　胡昊
出版发行	中国水利水电出版社 (北京市海淀区玉渊潭南路1号D座　100038) 网址:www.waterpub.com.cn E-mail:sales@waterpub.com.cn 电话:(010)68367658(营销中心)
经　　售	北京科水图书销售中心(零售) 电话:(010)88383994、63202643、68545874 全国各地新华书店和相关出版物销售网点
排　　版	中国水利水电出版社微机排版中心
印　　刷	北京市密东印刷有限公司
规　　格	184mm×260mm　16开本　6.75印张　160千字
版　　次	2014年5月第1版　2020年11月第3次印刷
印　　数	4001—5500册
定　　价	**25.00元**

凡购买我社图书,如有缺页、倒页、脱页的,本社营销中心负责调换

前　言

为了实现高职高专理论教学考核方式改革，适应无纸化计算机考试的要求，满足学生期末复习应考的需要，帮助学生在学习过程中进行练习和自我检测，强化训练，从而顺利通过考试，本专业改革与指导委员会组织专业骨干教师和教学精英编写了这套《高职高专土建类建筑工程技术专业课程试题库》。本套书共18册，涵盖了建筑工程技术以及建筑工程管理专业的全部课程的理论教学内容，分别为：

《工程测量试题库》

《建筑材料试题库》

《工程 CAD 试题库》

《工程力学试题库》

《建筑构造试题库》

《工程制图试题库》

《土力学与地基基础试题库》

《钢筋混凝土结构试题库》

《钢结构试题库》

《建筑设备试题库》

《建筑工程施工技术试题库》

《建筑工程施工组织试题库》

《建筑工程计量与计价试题库》

《建筑工程项目管理试题库》

《工程监理试题库》

《建筑工程安全技术试题库》

《建筑工程法律与法规试题库》

《工程招投标与合同管理试题库》

本套题库是在建筑工程技术专业人才培养方案和对应课程标准的指导下，以建筑工程技术专业系列教材和国家现行规程规范为依据编制的，与本专业对应的国家各类职业资格考试相结合，既紧扣教材本身，又不局限于书本；题库题量大，覆盖面广，题目构思精巧，答案准确唯一；采用主观题客观化的方法命题，突出实用性和应用性。

本套题库可作为高职高专院校、高等专科学校、成人教育学院的建筑工程技术、建筑工程管理等专业教学参考用书，满足职业教育双证制的要求，也可供广大专业技术人员作为职业资格考试的参考书。

《建筑设备试题库》由安徽水利水电职业技术学院张胜峰主编。李涛编写第一章～第三章；胡昊编写第四章和第五章；张胜峰编写第六章和第七章。

本书由安徽水利水电职业技术学院、合肥供水集团有限供水和安徽省林业勘察设计院共同开发，在编写过程中，得到了合肥供水集团有限供水和安徽省林业勘察设计院的大力支持，在此一并表示感谢。

限于作者理论水平和实践经验有限，书中难免存在不妥之处，恳请广大读者和同行专家批评指正。

编者
2014 年 4 月

目　录

第一章 建筑给水系统

1. 以下水箱接管上不设阀门的是（　　）。
   A. 进水管　　　　　B. 出水管　　　　　C. 溢流管　　　　　D. 泄水管

2. 镀锌钢管规格有 DN15、DN20 等，DN 表示（　　）。
   A. 内径　　　　　B. 公称直径　　　　　C. 外径　　　　　D. 其他

3. 不能使用焊接的管材是（　　）。
   A. 塑料管　　　　　B. 无缝钢管　　　　　C. 铜管　　　　　D. 镀锌钢管

4. 竖向分区的高层建筑生活给水系统中，最低卫生器具配水点处的静水压力不宜大于（　　）。
   A. 0.45MPa　　　　　B. 0.5MPa　　　　　C. 0.55MPa　　　　　D. 0.6MPa

5. 室外给水管网水压周期性满足室内管网的水量、水压要求时，采用（　　）给水方式。
   A. 直接给水　　　　　　　　　　B. 设高位水箱
   C. 设储水池、水泵、水箱联合工作　　　D. 设气压给水装置

6. 设高位水箱给水时，为防止水箱的水回流至室外管网，在进入室内的引入管设置（　　）。
   A. 止回阀　　　　　B. 截止阀　　　　　C. 蝶阀　　　　　D. 闸阀

7. 以下哪种管材不可以螺纹连接？（　　）
   A. 冷镀锌钢管　　　B. 热镀锌钢管　　　C. 铸铁管　　　　　D. 塑料管

8. 以下哪种管材可以热熔连接？（　　）
   A. 复合管　　　　　B. 镀锌钢管　　　　C. 铸铁管　　　　　D. 塑料管

9. 以下哪种管材可以粘接？（　　）
   A. 无缝钢管　　　　B. 镀锌钢管　　　　C. 铸铁管　　　　　D. 塑料管

10. 若室外给水管网供水压力为 300kPa，建筑所需水压 400kPa，且考虑水质不宜受污染，则应采取（　　）供水方式。
    A. 直接给水　　　　　　　　　　B. 设高位水箱
    C. 设储水池、水泵、水箱联合工作　　　D. 设气压给水装置

11. 住宅给水一般采用（　　）水表。
    A. 旋翼式干式　　　B. 旋翼式湿式　　　C. 螺翼式干式　　　D. 螺翼式湿式

12. 室内给水管道与排水管道平行埋设，管外壁的最小距离为（　　）。
    A. 0.15m　　　　　B. 0.1m　　　　　C. 0.5m　　　　　D. 0.3m

13. 应根据（ ）来选择水泵。
   A．功率、扬程   B．流量、扬程   C．流速、流量   D．流速、扬程

14. 无缝钢管管径采用（ ）标注方式。
   A．公称直径   B．内径   C．外径   D．外径×壁厚

15. 有关水箱配管与附件阐述正确的是（ ）。
   A．进水管上每个浮球阀前可不设阀门
   B．出水管应设置在水箱的最低点
   C．进出水管共用一条管道，出水短管上应设止回阀
   D．泄水管上可不设阀门

16. 室外给水管网水量水压都满足时，采用（ ）给水方式。
   A．直接给水   B．设高位水箱
   C．设储水池、水泵、水箱联合工作   D．设气压给水装置

17. 为防止管道水倒流，需在管道上安装的阀门是（ ）。
   A．止回阀   B．截止阀   C．蝶阀   D．闸阀

18. 为迅速启闭给水管道，需在管道上安装的阀门是（ ）。
   A．止回阀   B．截止阀   C．蝶阀   D．闸阀

19. 水箱进水管和出水管为同一管道时，应在水箱底的出水管上装设（ ）。
   A．闸阀   B．截止阀   C．止回阀   D．旋塞阀

20. 若室外给水管网供水压力为200kPa，建筑所需水压240kPa，且不允许设置水箱，则应采取（ ）供水方式。
   A．直接给水   B．设高位水箱
   C．设储水池、水泵、水箱联合工作   D．设气压给水装置

21. 引入管和其他管道要保持一定距离，与排水管的垂直净距不得小于（ ）。
   A．0.5m   B．0.15m   C．1.0m   D．0.3m

22. 截止阀关闭严密，安装时要注意（ ）。
   A．水流阻力大，可以反装   B．水流阻力大，防止反装
   C．水流阻力小，防止反装   D．水流阻力小，可以反装

23. 安装冷、热水龙头时，冷水龙头安装在热水龙头（ ）。
   A．左边   B．上边   C．右边   D．下边

24. 水箱的进水管应设（ ）浮球阀。
   A．1个   B．2个   C．不少于2个   D．不设

25. 新型给水管材改性聚丙烯管，它的代号为（ ）。
   A．PE   B．PB   C．PP－R   D．UPVC

26. 生活给水系统中，卫生器具给水配件处的静水压力不得大于（ ）。

    A．0.4MPa   B．0.5MPa   C．0.6MPa   D．0.7MPa

27. 给水横管宜有（ ）的坡度坡向泄水装置。

    A．0.002   B．0.002～0.005   C．0.02   D．0.02～0.05

28. 厨房洗涤盆上的水龙头距地板面的高度一般为（ ）。

    A．0.8m   B．1.0m   C．1.2m   D．1.5m

29. 当水箱设置高度不能满足最不利点所需水压时，常采用（ ）措施。

    A．增大压力   B．增大流速   C．增大管径   D．提高水箱安装高度

30. 室内消火栓栓口距地板面的高度为（ ）。

    A．0.8m   B．1.0m   C．1.1m   D．1.2m

31. 在消防系统中启闭水流一般使用（ ）。

    A．闸阀   B．蝶阀   C．截止阀   D．排气阀

32. 室内消火栓的布置错误的是（ ）。

    A．消防电梯前室   B．卧室

    C．平屋面   D．走廊

33. 高层住宅建筑是指（ ）及以上的住宅。

    A．9 层   B．10 层   C．11 层   D．12 层

34. 高层公共建筑是指建筑高度不小于（ ）。

    A．18m   B．32m   C．50m   D．24m

35. 室内消火栓数量超过 10 个且消火栓用水量大于 15L/s 时，消防给水引入进水管不少于（ ），并布置成环状。

    A．4 条   B．3 条   C．2 条   D．1 条

36. 室内消火栓、水龙带和水枪之间一般采用（ ）接口连接。

    A．螺纹   B．内扣式   C．法兰   D．焊接

37. 仅用于防止火灾蔓延的消防系统是（ ）。

    A．消火栓灭火系统   B．闭式自喷灭火系统

    C．开式自喷灭火系统   D．水幕灭火系统

38. 湿式自动喷洒灭火系统用于室内常年温度不低于（ ）的建筑物内。

    A．0℃   B．4℃   C．10℃   D．－5℃

39. 下列可以不设置自动喷水灭火系统的场合是（ ）。

    A．占地面积大于 1500m² 的木器厂房   B．建筑面积 4000m² 商场

    C．低于 7 层的单元式住宅   D．停车 20 辆的地下车库

40. 消防水箱与生活水箱合用，水箱应储存（　　）消防用水量。
    A．7min　　　　　B．8min　　　　　C．9min　　　　　D．10min

41. 室内消防系统设置（　　）的作用是使消防车能将室外消火栓的水接入室内。
    A．消防水箱　　　B．消防水泵　　　C．水泵结合器　　　D．消火栓箱

42. 教学楼内当设置消火栓系统后一般还设置（　　）。
    A．二氧化碳灭火系统　　　　　　　B．卤代烷系统
    C．干粉灭火器　　　　　　　　　　D．泡沫灭火系统

43. 目前国内外广泛使用的主要灭火剂是（　　）。
    A．水　　　　　　B．二氧化碳　　　C．卤代烷　　　　D．干粉

44. 室内消火栓系统的用水量是（　　）。
    A．保证着火时建筑内部所有消火栓均能出水
    B．保证2支水枪同时出水的水量
    C．保证同时使用水枪数和每支水枪用水量的乘积
    D．保证上下3层消火栓用水量

45. 下面（　　）属于闭式自动喷水灭火系统。
    A．雨淋喷水灭火系统　　　　　　　B．水幕灭火系统
    C．水喷雾灭火系统　　　　　　　　D．湿式自动喷水灭火系统

46. 室内消火栓应布置在建筑物内明显的地方，其中（　　）不宜设置。
    A．普通教室内　　　　　　　　　　B．楼梯间
    C．消防电梯前室　　　　　　　　　D．大厅

47. 高层建筑内消防给水管道立管直径应不小于（　　）。
    A．50mm　　　　　B．80mm　　　　　C．100mm　　　　D．150mm

48. 消防管道不能采用的管材是（　　）。
    A．无缝钢管　　　B．镀锌钢管　　　C．焊接钢管　　　D．塑料管

49. 适用于需防火隔断的开口部位灭火系统是（　　）。
    A．雨淋喷水灭火系统　　　　　　　B．水幕灭火系统
    C．水喷雾灭火系统　　　　　　　　D．二氧化碳灭火系统

50. 干式自动喷洒灭火系统可用于室内温度低于（　　）的建筑物内。
    A．0℃　　　　　　B．4℃　　　　　　C．10℃　　　　　D．6℃

51. 干式自动喷洒灭火系统可用于室内温度高于（　　）的建筑物内。
    A．50℃　　　　　B．60℃　　　　　C．70℃　　　　　D．100℃

52. 闭式喷头的公称动作温度应比环境温度高（　　）左右。
    A．30℃　　　　　B．20℃　　　　　C．40℃　　　　　D．10℃

53. 水流指示器的作用是（　　　）。
    A. 指示火灾发生的位置
    B. 指示火灾发生的位置并启动水力警铃
    C. 指示火灾发生的位置并启动电动报警器
    D. 启动水力警铃并启动水泵

54. 充实水柱是指消防水枪射出的消防射流中最有效的一段射流长度，它包括（　　　）的全部消防射流量。
    A. 70%～90%　　　B. 75%～85%　　　C. 70%～85%　　　D. 75%～90%

55. 室内常用的消防水带规格有φ50、φ65，其长度不宜超过（　　　）。
    A. 10m　　　　　B. 15m　　　　　C. 20m　　　　　D. 25m

56. 当消火栓栓口处出水压力超过（　　　）时，应采取减压措施。
    A. 0.8MPa　　　B. 0.7MPa　　　C. 1.0MPa　　　D. 0.5MPa

57. 低层建筑室内消防水箱一般应储存（　　　）的消防水量。
    A. 10min　　　B. 20min　　　C. 30min　　　D. 60min

58. 自动喷水灭火系统配水支管的管径不得小于（　　　）。
    A. 15mm　　　B. 20mm　　　C. 25mm　　　D. 32mm

59. 高层建筑室内消火栓的布置间距，应保证有（　　　）的充实水柱同时到达室内任何部位。
    A. 2 支水枪　　　B. 1 支水枪　　　C. 3 支水枪　　　D. 所有水枪

60. 按供水用途的不同，建筑给水系统可分为三大类：（　　　）。
    A. 生活饮用水系统、杂用水系统和直饮水系统
    B. 消火栓给水系统、生活给水系统和商业用水系统
    C. 消防给水系统、生活饮用水系统和生产工艺用水系统
    D. 消防给水系统、生活给水系统和生产给水系统

61. 某 5 层住宅，层高为 3.0m，用经验法估算从室外地面算起该给水系统所需的压力为（　　　）。
    A. 28kPa　　　B. 240kPa　　　C. 200kPa　　　D. 250kPa

62. 依靠外网压力的给水方式是（　　　）。
    A. 直接给水方式和设水箱供水方式
    B. 设水泵供水方式和设水泵、水箱供水方式
    C. 气压给水方式
    D. 分区给水方式

63. 综合生活用水是指（　　　）。
    A. 居民用水各小区公共建筑用水

B．居民生活用水和公共建筑用水

C．居民用水和公共建筑用水、浇洒道路绿地用水

D．居民生活用水和公共建筑用水、市政用水

64．时变化系数是指（　　）。

A．最高日用水量与平均日用水量的比值

B．最高日最高时用水量与平均日平均时用水量的比值

C．最高日最高时用水量与最高日平均时用水量的比值

D．平均日最高时用水量与平均日平均时用水量的比值

65．消火栓处静水压力超过（　　）时，宜采用分区供水的室内消火栓给水方式。

A．400kPa　　　　B．500kPa　　　　C．800kPa　　　　D．1000kPa

66．室外消火栓距路边不应超过（　　）。

A．1.0m　　　　　B．2.0m　　　　　C．3.0m　　　　　D．4.0m

67．每个室外消火栓的供水量应为（　　）。

A．10～15L/s　　B．5～10L/s　　　C．15～20L/s　　D．25～30L/s

68．自动喷水灭火系统中，每根配水支管的最小管径为（　　）。

A．15mm　　　　B．20mm　　　　C．25mm　　　　D．32mm

69．某住宅，分户水表口径为20mm，则在水表前宜装（　　）。

A．止回阀　　　　B．闸阀　　　　　C．安全阀　　　　D．截止阀

70．湿式自动喷水灭火系统一个报警阀控制的喷头数不宜超过（　　）。

A．500个　　　　B．600个　　　　C．700个　　　　D．800个

71．给水管配水出口应高出用水设备溢流水位，其最小间隙为给水管径的（　　）。

A．4.0倍　　　　B．3.0倍　　　　C．2.5倍　　　　D．1.5倍

72．自动喷水灭火系统中的水流指示器前应装（　　）。

A．信号阀　　　　B．止回阀　　　　C．安全阀　　　　D．排气阀

73．水泵接合器应设在室外便于消防车接管供水地点，同时考虑在其周围（　　）范围内有供消防车取水的室外消火栓或储水池。

A．0～15m　　　　B．15～40m　　　　C．40～60m　　　　D．60～80m

74．高层建筑给水系统应竖向分区，分区最低层卫生器具配水点处的静水压不宜大于（　　）。

A．0.25MPa　　　B．0.30MPa　　　C．0.35MPa　　　D．0.45MPa

75．室外给水管网的水量、水压在一天内任何时间均能满足建筑内部用水要求时，宜采用（　　）。

A．直接给水方式　　　　　　　　　　B．设水泵、水箱联合给水方式

C．气压给水方式　　　　　　　　　　　　D．设水箱给水方式

76．负有消防给水任务管道的最小管径，不应小于（　　）。
　　A．50mm　　　　　B．75mm　　　　　C．100mm　　　　　D．150mm

77．建筑给水硬聚氯乙烯管道的给水温度不得大于（　　）。
　　A．45℃　　　　　B．40℃　　　　　C．60℃　　　　　D．80℃

78．设计无规定时，建筑给水硬聚氯乙烯嵌墙暗管墙槽尺寸的宽度宜为（　　）。
　　A．$De+50mm$　　B．$De+30mm$　　C．$De+60mm$　　D．$De+80mm$

79．弯制有缝钢管时，其纵向焊缝应置于（　　）。
　　A．水平位置　　　　　　　　　　　　　B．与水平面呈45°角的位置
　　C．与水平面呈30°角的位置　　　　　　D．垂直位置

80．同一建筑（　　）消火栓、水枪、水带。
　　A．应采用同一规格的　　　　　　　　　B．可采用不同规格的
　　C．消火栓可采用不同规格　　　　　　　D．水枪可采用不同规格

81．塑料排水立管穿越楼层处为固定支承且排水支管在楼板之下接入时，伸缩节应设置于（　　）。
　　A．水流汇合管件之下　　　　　　　　　B．水流汇合管件之上
　　C．楼层任何部位屋顶上　　　　　　　　D．楼道

82．闸阀适用于管道（　　）的管道上。
　　A．≤50mm　　　　B．≥70mm　　　　C．≥100mm　　　　D．≥200mm

83．水箱或水池的进水管上应装设（　　）起自动进水、自动关闭水流的作用。
　　A．止回阀　　　　　B．安全阀　　　　　C．浮球阀　　　　　D．节流阀

84．消防水泵应采用（　　）。
　　A．自灌式　　　　　B．非自灌式　　　　C．单级　　　　　　D．双吸

85．每个消火栓的保护半径可按（　　）考虑。
　　A．10～15m　　　　B．15～20m　　　　C．25～30m　　　　D．30～50m

86．干式自动喷水灭火系统一个报警阀控制的喷头数不宜超过（　　）。
　　A．500个　　　　　B．600个　　　　　C．700个　　　　　D．800个

87．检查口的设置高度规定离地面为（　　），并应高出该层卫生器具上边缘0.15m。
　　A．1.0m　　　　　B．1.2m　　　　　C'．1.5m　　　　　D．2.0m

88．直立型、下垂型标准喷头，其溅水盘与顶板的距离应为（　　）。
　　A．50～75mm　　B．50～100mm　　C．75～150mm　　D．150～200mm

89. 住宅厨房洗涤池水龙头安装高度为（　　）。
   A．0.8m　　　　　B．1.0m　　　　　C．1.2m　　　　　D．1.5m

90. 螺翼式水表口径为80mm的书写形式为（　　）。
   A．LXS-80E　　　B．LXSL-80E　　　C．LXL-80E　　　D．LX-80E

91. 埋地式生活饮用水储水池周围（　　）以内，不得有化粪池、污水处理构筑物、垃圾堆放点等污染源。
   A．5m　　　　　　B．8m　　　　　　C．10m　　　　　D．15m

92. 在自动喷水灭火系统中，每侧每根配水支管布置的喷头数对轻、中危险级，不应多于（　　）。
   A．4个　　　　　　B．6个　　　　　　C．8个　　　　　　D．10个

93. 自动喷水灭火系统中，每个防火分区及楼层均应设（　　）。
   A．报警阀　　　　B．延迟器　　　　C．水流指示器　　　D．喷头

94. 水泵接合器连接在（　　）。
   A．室内生活给水管道上　　　　　　B．室内消防给水管道上
   C．室外生活给水管道上　　　　　　D．市政给水管道上

95. 敷设于楼板找平层中的给水管道的外径不得大于（　　）。
   A．15mm　　　　　B．20mm　　　　　C．25mm　　　　　D．32mm

96. 水泵吸水口直径一般比吸水管小，可采用（　　）连接。
   A．管箍　　　　　　B．直接　　　　　C．同心大小头　　　D．偏心大小头

97. 水泵基础安装高度按基础长度的（　　）值取整，但不得小于0.1m。
   A．1/5　　　　　　B．1/10　　　　　C．1/15　　　　　D．1/20

98. 每个水泵接合器的流量为（　　）。
   A．5～10L/s　　　B．10～15L/s　　　C．15～20L/s　　　D．20～25L/s

99. 在单设水泵的给水系统，水泵流量按给水系统的（　　）确定。
   A．设计秒流量　　　　　　　　　　　B．最大小时用水量
   C．平均小时用水量　　　　　　　　　D．最大日用水量

100. 水箱生活出水管口应高出水箱内底壁（　　），以防污物流入配水管网。
    A．50～100mm　　B．100～150mm　　C．150～200mm　　D．250～300mm

101. 明设的塑料给水立管距灶台边缘不得小于（　　）。
    A．0.2m　　　　　B．0.3m　　　　　C．0.4m　　　　　D．0.5m

102. 横支管接入横干管竖直转向管段时，连接点应距转向处以下不得小于（　　）。
    A．0.3m　　　　　B．0.5m　　　　　C．0.6m　　　　　D．0.8m

103. 湿式喷水灭火系统适应的环境温度为（　　）。
　　A．<4℃　　　　　B．>70℃　　　　　C．4～70℃　　　　D．10～80℃

104. 某 *DN*100 的给水立管，应采用（　　）作为固定构件。
　　A．钩钉　　　　　B．吊环　　　　　C．管卡　　　　　D．托架

105. 家庭厨房是否应该设置地漏？（　　）
　　A．应该设置　　　B．不宜设置　　　C．必须设置　　　D．以上都不对

106. 在管道井中布置管道要排列有序；需要进入检修的管道井，其通道不宜小于（　　）。
　　A．1.5m　　　　　B．1.0m　　　　　C．0.6m　　　　　D．4.0m

107. 镀锌钢管应采用（　　）连接方法。
　　A．焊接　　　　　B．承插　　　　　C．螺纹　　　　　D．法兰

108. 进户管与出户管应保证（　　）距离。
　　A．1m　　　　　　B．1.5m　　　　　C．2m　　　　　　D．2.5m

109. 上行下给式管网水平干管应有大于（　　）的坡度。
　　A．0.003　　　　　B．0.001　　　　　C．0.5　　　　　D．0.005

110. 在设计自动喷水灭火系统时，配水管道的工作压力不应大于____；湿式系统、干式系统的喷水头动作后应由____直接连锁自动启动供水泵。（　　）
　　A．1.2MPa；火灾报警信号　　　　　　B．1.2MPa；压力开关
　　C．0.4MPa；火灾报警信号　　　　　　D．0.4MPa；压力开关

111. 请指出正确的水泵吸水管的连接方式。（　　）
　　A．吸水管设在虹吸管段　　　　　　　B．吸水管向下坡向水泵
　　C．异径偏心大小头　　　　　　　　　D．同心异径管

112. 下面关于自动喷水灭火系统管材及连接叙述中，哪一条是正确的？（　　）
　　A．系统管道的连接，应采用沟槽式连接件（卡箍），或法兰连接
　　B．配水管道应采用内壁热镀锌钢管
　　C．报警阀前采用内壁不防腐钢管，可焊接连接
　　D．报警阀后采用内壁不防腐钢管，但应在该关段的末端设过滤器

113. 以下报警阀组设置中，哪条是不正确的？（　　）
　　A．水幕系统应设独立的报警阀组或感烟雨淋阀组
　　B．保护室内钢屋架等建筑构件的闭式系统，应设独立的报警阀组
　　C．安装报警的部位应设有排水系统，水力警铃的工作压力不应小于 0.05MPa
　　D．串联接入湿式系统配水干管的其他自动喷水灭火系统，应分别设置独立的报警阀组

114. 建筑物内塑料给水管敷设哪一条是错误的？（　　）
　　A．不得布置在灶台上边缘
　　B．明设立管距灶台边缘不得小于 0.3m

C. 距燃气热水器边缘不宜小于 0.2m

D. 与水加热器和热水器应不小于 0.4m 金属管过渡

115. 由城市给水管网夜间直接供给的建筑物高位水箱的生活用水容积应按最高日用水量的（　　）计算。

A. 15%～20%　　　B. 15%～25%　　　C. 50%　　　D. 100%

116. 下列关于避难层的消防设计哪条不正确？（　　）

A. 避难层可兼作设备层，但设备管道宜集中布置

B. 避难层仅需消火栓

C. 避难层应设有消火栓和消防卷帘

D. 避难层应设自动喷水灭火系统

117. 给水系统的卫生器具的给水当量值是指（　　）。

A. 卫生器具的额定流量

B. 卫生器具的额定流量和污水盆额定流量的比值

C. 卫生器具的额定流量和普通水龙头的额定流量的比值

D. 卫生器具的最大流量和污水盆额定流量的比值

118. 4 层建筑大约需要（　　）的供水压力。

A. 20m　　　　B. 15m　　　　C. 10m　　　　D. 16m

119. 确定管径大小用（　　）。

A. 设计秒流量　　　　　　　B. 最高日用水量

C. 最大时用水量　　　　　　D. 平均用水量

120. 低层与高层的界限高度为（　　）。

A. 10m　　　　B. 24m　　　　C. 15m　　　　D. 18m

121. 自喷系统配水支管的最小管径（　　）。

A. 20mm　　　　B. 30mm　　　　C. 25mm　　　　D. 40mm

122. 上行下给式管网水平干管应有大于（　　）的坡度。

A. 0.003　　　　B. 0.001　　　　C. 0.5　　　　D. 0.005

123. 以下报警阀组设置中，哪条是不正确的？（　　）

A. 水幕系统应设独立的报警阀组或感烟雨淋阀组

B. 保护室内钢屋架等建筑构件的闭式系统，应设独立的报警阀组

C. 安装报警的部位应有排水系统，水力警铃的工作压力不应小于 0.05MPa

D. 串联接入湿式系统配水干管的其他自动喷水灭火系统，应分别设置独立的报警阀组

124. 5 层建筑所需的供水水压（　　）。

A. 10m　　　　B. 12m　　　　C. 16m　　　　D. 24m

125. 当用水量均匀时，按（　　）来确定水表的口径。

A．设计流量不超过水表的额定流量　　B．设计流量不超过水表的最大流量
C．额定流量　　　　　　　　　　　　D．最大流量

126．储水池容积的确定过程中按（　　　）来确定。
A．最高日用水量　　　　　　　　　　B．最大时用水量
C．设计秒流量　　　　　　　　　　　D．平均流量

127．消防管道设计计算时各消防竖管管道的流量按（　　　）来计算。
A．分别各自计算
B．按消火栓的数量
C．竖管上下流量不变，各竖管流量相同
D．按灭火面积

128．当资料不全时，建筑物内的生活用水低位水池有效容积按哪一条计算是正确的？
（　　　）
A．按最高日用水量的20%～25%确定
B．按最高日用水量的35%～40%确定
C．按平均日用水量确定
D．按平均日用水量的60%确定

129．在装设备通透性吊顶的场所,喷头应布置在_____系统的喷水强度应按_____确定。(　　　)
A．吊顶下；常规系统设计基本参数1.3倍
B．吊顶下；常规系统设计基本参数
C．顶板下；常规系统设计基本参数1.3倍
D．顶板下；常规系统设计基本参数

130．下列哪一个情况排水系统应设环形通气管？（　　　）
A．连接4个及4个以上卫生器具的横支管
B．连接4个及4个以上卫生器具的横支管的长度大于12m的排水横支管
C．连接7个及7个以上大便器具的污水横支管
D．对卫生、噪音要求较高的建筑物内不设环形通气管，仅设器具通气管

131．给水管网的压力高于配水点允许的最高使用压力是应设减压设施。采用比例式减压阀
的减压不宜大于（　　　）。
A．2∶1　　　　　B．3∶1　　　　　C．5∶1　　　　　D．6∶1

132．某建筑物内的生活给水系统，当卫生器具给水配水处的静水压力超过规定值时，宜采
用何种措施？（　　　）
A．减压限流　　　　　　　　　　　　B．排气阀
C．水泵多功能控制阀　　　　　　　　D．水锤吸纳器

133．建筑给水系统是将城镇给水管网或自备水源给水管网的水引入室内，经配水管送至生
活、生产和消防用水设备，并满足用水点对（　　　）要求的冷热水供应系统。

A. 水量   B. 水质   C. 水压   D. 水质、水量、水压

134. 居住建筑由生活给水管道进入住户的入户管给水压力不应大于（　　）。
A. 0.2MPa   B. 0.25MPa   C. 0.35MPa   D. 0.4MPa

135. 生活给水系统配水设施主要指卫生器具的给水配件或（　　）。
A. 配水龙头   B. 阀门   C. 给水管道   D. 水表节点

136. 建筑给水超薄壁不锈钢塑料复合管，管道直径不大于（　　）。
A. 10~20mm   B. 20~25mm   C. 25~30mm   D. 30~35mm

137. 管内壁的防腐材料，应符合现行（　　）有关卫生标准的要求，管道应能承受相应地面荷载的能力。
A. 国家   B. 行业   C. 地方   D. 企业

138. 采用塑料管材时其供水压力一般不应大于（　　）。
A. 0.4MPa   B. 0.5MPa   C. 0.6MPa   D. 0.7MPa

139. 给水管道与各种管道之间的净距应满足（　　）的需要。
A. 安装操作   B. 经济合理   C. 相互影响   D. 使用方便

140. 给水管道应在排水管道的（　　）
A. 上面   B. 下面   C. 平行   D. 无所谓

141. 建筑物内埋地敷设的生活给水管与排水管道的交叉时最小间距为（　　）。
A. 0.5m   B. 0.6m   C. 0.15m   D. 0.16m

142. 管井应每层设外开（　　）。
A. 检修门   B. 保险开关   C. 闸刀   D. 门栓

143. 管顶最小覆土深度不得小于土壤（　　）以下0.15m。
A. 地下水位线   B. 冰冻线   C. 岩石层   D. 道路垫层

144. 室内生活给水管道宜布置成（　　）管网，单向供水。
A. 枝状   B. 环状   C. 网状   D. 辐射状

145. 给水管道不得穿越生产设备基础，在特殊情况下必须穿越时，应采取有效的（　　）。
A. 保护措施   B. 隔离措施   C. 保温措施   D. 支架措施

146. 暗装给水管道不得直接敷设在建筑物（　　）内。
A. 垫层   B. 结构层   C. 结合层   D. 面层

147. 明设的给水立管穿越楼板时，应采用（　　）措施。
A. 防火   B. 防水   C. 防电   D. 防露

148. 水流需双向流动的管段上，不得使用（　　）。
A. 闸阀   B. 截止阀   C. 球阀   D. 蝶阀

149. （　　）是为避免管网、密闭水箱等超压破坏的保安器材。
    A．浮球阀　　　　　B．止回阀　　　　　C．闸阀　　　　　D．安全阀

150. 接管公称直径不超过 50mm 时，应采用（　　）式水表。
    A．旋翼　　　　　　B．螺翼　　　　　　C．湿　　　　　　D．干

151. 通过水表的流量变化幅度很大时应采用（　　）式水表。
    A．湿　　　　　　　B．干　　　　　　　C．复　　　　　　D．电子

152. 旋翼式水表和垂直螺翼式水表应（　　）安装。
    A．水平　　　　　　B．垂直　　　　　　C．倾斜　　　　　D．交叉

153. 水平螺翼式水表和容积式水表当垂直安装时水流方向必须（　　）。
    A．自上而下　　　　B．自下而上　　　　C．从中间向两边　　D．都可以

154. 在建筑内部给水系统中，一般采用（　　）式水泵。
    A．离心　　　　　　B．轴流　　　　　　C．混流　　　　　D．复

155. （　　）是指建筑内部给水系统的供水方案。
    A．给水方式　　　　B．给水形式　　　　C．给水措施　　　D．给水细则

156. 当生活饮用水水池内的储水（　　）不能得到更新时，应设置水消毒处理装置。
    A．24h　　　　　　B．48h　　　　　　C．96h　　　　　　D．72h

157. 火灾发生的必要条件：（　　）、氧化剂和温度。
    A．可燃物　　　　　B．易燃物　　　　　C．非可燃物　　　D．非易燃物

158. 下面哪一种灭火的基本原理是化学过程？（　　）
    A．冷却　　　　　　B．窒息　　　　　　C．隔离　　　　　D．化学抑制

159. 按建筑物的使用性质分类有民用建筑和（　　）建筑。
    A．工业　　　　　　B．仓库　　　　　　C．公用　　　　　D．商用

160. 下面哪类仓库储存物品的火灾危险性最大？（　　）
    A．甲　　　　　　　B．乙　　　　　　　C．丙　　　　　　D．丁

161. 多层民用建筑可分为多层（　　）建筑和多层公共建筑。
    A．居住　　　　　　B．办公　　　　　　C．住宅　　　　　D．家居

162. 自动喷水灭火系统设置场所按照设计规范可分为几个等级？（　　）
    A．3　　　　　　　B．4　　　　　　　C．5　　　　　　　D．6

163. 灭火器配置场所的危险等级按设计规范分为几级？（　　）
    A．3　　　　　　　B．4　　　　　　　C．5　　　　　　　D．6

164. 居住区人数不超过 500 人且建筑物不超过两层的居住区，（　　）设消防给水。
    A．必须　　　　　　B．可不　　　　　　C．禁止　　　　　D．以上都不对

165. 消防用水利用天然水源时，其保证率不应小于（　　），且应设置可靠的取水设施。
A. 67%　　　　　　B. 77%　　　　　　C. 87%　　　　　　D. 97%

166. 建筑占地面积大于（　　）的厂房应设置消火栓。
A. 100m²　　　　　B. 200m²　　　　　C. 300m²　　　　　D. 400m²

167. 室外消防给水系统按管网的水压分为低压、（　　）和临时高压消防给水系统。
A. 高压　　　　　　B. 中压　　　　　　C. 无压　　　　　　D. 特高压

168. 在计算室外消防给水系统所需的水压时，室外消火栓栓口的水压从室外设计地面算起不应小于（　　）。
A. 0.1MPa　　　　B. 0.3MPa　　　　C. 0.5MPa　　　　D. 1.0MPa

169. 消防给水系统最高压力在运行时不应超过（　　）。
A. 2.0MPa　　　　B. 2.2MPa　　　　C. 2.4MPa　　　　D. 3.0MPa

170. 充实水柱是指水枪喷嘴起到射流90%的水柱水量穿过直径（　　）圆孔处的一段密实水柱。
A. 280mm　　　　B. 380mm　　　　C. 480mm　　　　D. 580mm

171. 消防竖管布置应保证每个防火分区分层有（　　）水枪的充实水柱同时达到任何部位。
A. 1支　　　　　　B. 2支　　　　　　C. 3支　　　　　　D. 4支

172. 建筑高度不大于（　　），体积不大于5000m³的多层仓库，可采用1支水枪的充实水柱达到室内任何部位。
A. 14m　　　　　　B. 24m　　　　　　C. 34m　　　　　　D. 44m

173. （　　）报警阀适用于湿式自动喷水灭火系统。
A. 湿式　　　　　　B. 干式　　　　　　C. 干—湿式　　　　D. 雨淋式

174. 水流指示器的最大工作压力为（　　）。
A. 1.0MPa　　　　B. 1.2MPa　　　　C. 1.4MPa　　　　D. 1.6MPa

175. （　　）安装于报警阀与水力警铃之间。
A. 延迟器　　　　　B. 水流指示器　　　C. 压力开关　　　　D. 喷头

176. 钢管按其构造特征分为有缝钢管和（　　）两类。
A. 无缝钢管　　　　B. 有压钢管　　　　C. 无压钢管　　　　D. 密封钢管

177. 一般在（　　）以上的管道中采用无缝钢管。
A. 0.4MPa　　　　B. 0.5MPa　　　　C. 0.6MPa　　　　D. 6MPa

178. 建筑内部给水管道一般采用（　　）。
A. 低压管　　　　　B. 普压管　　　　　C. 高压管　　　　　D. 以上都可以

179. （　　）常用于无压力要求的污水管道、废水管道。
    A. 排水铸铁管　　　B. 镀锌钢管　　　　C. 塑料管　　　　D. 铜管

180. 建筑给水附件分为控制附件和（　　）两大类。
    A. 分水附件　　　　B. 配水附件　　　　C. 用水附件　　　D. 调节附件

181. 当管径大于（　　）时宜选用闸阀。
    A. 20mm　　　　　B. 35mm　　　　　　C. 50mm　　　　D. 75mm

182. （　　）是应用最广泛的阀门。
    A. 闸阀　　　　　　B. 截止阀　　　　　C. 止回阀　　　　D. 蝶阀

183. （　　）只能全开或全关，不能调节流量。
    A. 安全阀　　　　　B. 减压阀　　　　　C. 疏水阀　　　　D. 球阀

184. （　　）是一种用于自动排泄系统中的凝结水，阻止蒸汽通过的阀门。
    A. 疏水阀　　　　　B. 安全阀　　　　　C. 减压阀　　　　D. 旋塞阀

185. （　　）多安装在高层建筑给水和热水采暖系统的低压管道上。
    A. 闸阀　　　　　　B. 截止阀　　　　　C. 蝶阀　　　　　D. 减压阀

186. （　　）是一种计量用户用水量的仪表。
    A. 水表　　　　　　B. 水泵　　　　　　C. 水池　　　　　D. 水箱

187. 根据计量原理，水表分为流速式和（　　）。
    A. 流量式　　　　　B. 容积式　　　　　C. 电流式　　　　D. 动能式

188. 为了保证计量准确，螺翼式水表前应有不小于（　　）水表接口的直线管段。
    A. 6倍　　　　　　B. 7倍　　　　　　　C. 8倍　　　　　D. 9倍

189. （　　）用于量测管道内介质及锅炉的压力。
    A. 压力表　　　　　B. 热量表　　　　　C. 水表　　　　　D. 流量计

190. 管道穿越建筑物屋面时，必须设（　　）。
    A. 防水套管　　　　B. 普通套管　　　　C. 放水阀　　　　D. 止回阀

191. 管道穿越不均匀沉降时，必须预埋（　　）。
    A. 刚性防水套管　　B. 柔性防水套管　　C. 普通套管　　　D. 止回阀

192. 高层建筑室内明敷的U-PVC管道，当横干管及支管穿越管道井时，必须设置（　　）。
    A. 防水套管　　　　B. 普通套管　　　　C. 截止阀　　　　D. 防火套管

193. 管道（　　）的作用是支承管道。
    A. 截止阀　　　　　B. 闸阀　　　　　　C. 支架　　　　　D. 套管

194. 以下哪种支架安装方法适用于管道沿柱子安装？（　　）
    A. 栽埋法　　　　　B. 预埋件焊接法　　C. 膨胀螺栓法　　D. 抱柱法

195.（　　）起着对水的输送、提升和加压作用。
　　　A．水表　　　　　B．浮球阀　　　　C．水箱　　　　　D．水泵

196．离心式水泵按泵轴位置分为卧式泵和（　　）。
　　　A．高压泵　　　　B．定速泵　　　　C．多级泵　　　　D．立式泵

197．离心式水泵按叶轮数量分为单级泵和（　　）。
　　　A．低压泵　　　　B．卧式泵　　　　C．多级泵　　　　D．污水泵

198．离心式水泵按水进入叶轮的形式分为单吸泵和（　　）。
　　　A．清水泵　　　　B．变频调速泵　　C．中压泵　　　　D．双吸泵

199．每台水泵上都有一个表示其工作特性的牌子，是（　　）。
　　　A．标牌　　　　　B．广告牌　　　　C．铭牌　　　　　D．名牌

200．水箱进水管距水箱上缘应有（　　）距离。
　　　A．50～100mm　　B．100～150mm　　C．150～200mm　　D．200～250mm

201．水箱泄水管的管径为（　　）。
　　　A．20～30mm　　B．30～40mm　　C．40～50mm　　D．50～60mm

202．水箱通气管径一般不小于（　　）。
　　　A．30mm　　　　B．40mm　　　　C．50mm　　　　D．60mm

203．气压给水设备按压力稳定情况分为变压式和（　　）两类。
　　　A．定压式　　　　B．补气式　　　　C．隔膜式　　　　D．突变式

204．给水系统一般分为生活、生产、（　　）系统。
　　　A．雨水　　　　　B．污水　　　　　C．废水　　　　　D．消防

205．（　　）是市政给水管道和建筑内部给水管网之间的连接管道。
　　　A．引入管　　　　B．横支管　　　　C．干管　　　　　D．立管

206．塑料给水管道不得与水加热器或热水炉直接连接，应有不小于（　　）的金属段过渡。
　　　A．0.2m　　　　B．0.3m　　　　C．0.4m　　　　D．0.5m

207．（　　）是指建筑内部给水系统的具体组成与具体布置的给水实施方案。
　　　A．给水方式　　　B．给水形式　　　C．给水类型　　　D．给水用途

208．下列给水方式哪一种适合于根据不同用途所需的不同水质，分别设置独立的给水系统？（　　）
　　　A．分区给水方式　B．分压给水方式　C．分质给水方式　D．分量给水方式

209．给水引入管应有不小于（　　）的坡度坡向室外给水管网。
　　　A．0.001　　　　B．0.002　　　　C．0.003　　　　D．0.0003

210．给水引入管与室外排出管外壁的水平距离不宜小于（　　）。

A．0.5m   B．1m   C．2m   D．3m

211．在湿式喷水灭火系统中为防止系统发生误报警，在报警阀与水力警铃之间的管道上必须设置（   ）。

A．闸阀   B．水流指示器   C．延迟器   D．压力开关

212．高层建筑（   ）因静水压力大，所以要分区。

A．给水   B．排水   C．雨水   D．热水

213．流速式水表有螺翼式和旋翼式两种，通常旋翼式水表为（   ）水表。

A．大口径   B．小口径   C．中口径   D．无口径

214．设计无规定时，建筑给水硬聚氯乙烯架空管顶上部的净空不宜小于（   ）。

A．100mm   B．150mm   C．200mm   D．300mm

215．在我国室内集体宿舍生活给水管网设计水流量的计算中，若计算出的流量小于该管段的一个最大卫生器具的给水额定流量时，应以该管段上的哪些参数作为设计秒流量？

（   ）

A．给水定额的叠加值   B．计算值

C．一个最大卫生器具额定额量   D．平均值

216．室内给水管网水力计算中，首先要做的是（   ）。

A．选择最不利点   B．布置给水管道

C．绘制平面图、系统图   D．初定给水方式

217．并联消防分区消防系统中，水泵接合器可（   ）。

A．分区设置   B．独立设置一个

C．环状设置   D．根据具体情况设置

218．建筑内部管道系统水力计算的目的是（   ）。

A．确定流速   B．确定流量   C．确定充满度   D．确定管道管径

219．采用优质塑料管供水的室内水质污染的主要原因是（   ）。

A．与水接触的材料选择不当   B．水箱（池）污染

C．管理不当   D．构造连接不合理

220．高层建筑消防立管的最小管径为（   ）。

A．50mm   B．100mm   C．75mm   D．150mm

221．当采用管网系统的气体灭火系统时，一个防护区的面积不宜大于（   ）。

A．100m^2 B．300m^2 C．500m^2 D．800m^2

222．在二氧化碳灭火系统中，设计浓度和灭火浓度的关系是（   ）。

A．设计浓度就是灭火浓度   B．设计浓度是灭火浓度的1.2倍

C．设计浓度是灭火浓度的1.5倍   D．设计浓度是灭火浓度的1.7倍

223. 下面关于灭火器设置要求的说法错误的是（   ）。

    A. 灭火器应设置在明显和便于取用的地点，且不得影响安全疏散

    B. 灭火器应设置稳固，其铭牌必须朝内

    C. 灭火器不应设置在潮湿和强腐蚀性的地点

    D. 灭火器不得设置在超出其使用温度范围的地点

224. 干式系统配水管道充水时间，不宜大于____；预作用系统与雨淋系统的配水管道充水时间，不宜大于____。（   ）

    A. 1min；1min   B. 1min；2min   C. 2min；2min   D. 2min；5min

225. 水喷雾灭火系统的响应时间，当用于灭火时不应大于（   ）。

    A. 30s   B. 45s   C. 60s   D. 90s

226. 水表的流通能力是指水流通过水表产生（   ）水头损失时的流量值。

    A. 30kPa   B. 20kPa   C. 10kPa   D. 5kPa

227. 水箱上的配管有（   ）、出水管、溢流管、排污管、信号管。

    A. 进水管   B. 闸刀   C. 闸阀   D. 支管

228. 按照我国《建筑设计防火规范》（GB 50016—2012）的规定，消防水箱应储存 10min 的室内消防用水总量，以供为救初期火灾之用，为避免水箱容积过大，当室内消防用水量不超过 25L/s，经计算水箱消防容积超过____时，仍可用____；当室内消防用水量超过 25L/s，经计算水箱消防容积超过____时，仍可用____。（   ）

    A. 12m³；12m³；18m³；18m³   B. 12m³；18m³；18m³；12m³

    C. 18m³；12m³；18m³；12m³   D. 18m³；18m³；12m³；12m³

229. 自动喷水灭火系统的报警装置主要有水流指示器、压力开关、（   ）。

    A. 泄气阀   B. 过滤阀   C. 水力警铃   D. 电铃

230. 某由市政管网供水的住宅楼，管网服务压力为 0.2MPa 时，可供水至（   ）楼。

    A. 3层   B. 4层   C. 5层   D. 6层

231. 化粪池是一种具有（   ）、便于管理、不消耗动力和造价低等优点。局部处理生活污水的构筑物。

    A. 不污染环境   B. 结构简单   C. 不占面积   D. 处理彻底

232. 室内给水管道的敷设有明装和（   ）两种形式。

    A. 半明装   B. 暗装   C. 精装   D. 半精装

233. 室外消防系统的组成：（   ）、室外消防管道和室外消火栓。

    A. 室外消防水源   B. 室外消防水枪   C. 室外消防水池   D. 室外消防通道

234. 自动喷水灭火系统管道水力常见的计算方法有（   ）和特性系数法。

    A. 作用面积法   B. 因素法   C. 逐层分析法   D. 求导法

235. 配水附件有配水龙头、盥洗龙头（　　）。
　　　A. 洗头龙头　　　　B. 混合龙头　　　　C. 自来水龙头　　　　D. 热水龙头

236. 建筑给水方式根据管网中水平干管的位置不同可分为：下行上给式、上行下给式、（　　）。
　　　A. 中分式　　　　B. 分道式　　　　C. 支道式　　　　D. 平行式

237. 当建筑物沉降可能导致排出管倒坡时，应采取（　　）措施。
　　　A. 防沉降　　　　B. 防收缩　　　　C. 防冷热　　　　D. 防张拉

238. 水表的技术参数有：流通能力、特性流量、最大流量、（　　）、最小流量、灵敏度等。
　　　A. 额定流量　　　　B. 功率　　　　C. 表征量　　　　D. 承载力

239. 建筑给水系统的组成主要包括水源引入管、（　　）、给水管网、配水装置和用水设备、给水附件及给水局部处理设施、增压设施等。
　　　A. 水表节点　　　　B. 水表　　　　C. 排出管　　　　D. 散热器

240. 自动喷水灭火系统由水源、加压储水设备、喷头、管网、（　　）等组成。
　　　A. 报警装置　　　　B. 散热器　　　　C. 消火栓　　　　D. 水泵接合器

241. 常用的给水方式有（　　）、单设水箱给水、单设水泵给水、水池水泵水箱联合给水。
　　　A. 直接给水　　　　B. 间接给水　　　　C. 双向给水　　　　D. 单向给水

242. 室内给水管的安装顺序一般是：（　　）。
　　　A. 室内干管→引入管→立管→支管　　　　B. 支管→立管→室内干管→引入管
　　　C. 引入管→室内干管→立管→支管　　　　D. 引入管→立管→室内干管→支管

243. （　　）的作用是保证凝结水及时排放，同时又阻止蒸汽漏失。
　　　A. 疏水器　　　　B. 泄气阀　　　　C. 过滤器　　　　D. 闸阀

244. （　　）消火栓给水系统应为独立系统，不得与生产、生活给水系统合用。
　　　A. 高层建筑　　　　B. 多层建筑　　　　C. 低层建筑　　　　D. 住宅

245. 建筑内给水管道设计秒流量的确定方法有 3 种，即（　　）、经验法、概率法。
　　　A. 平方根法　　　　B. 估算法　　　　C. 精算法　　　　D. 指数法

246. 建筑物的自动喷洒灭火系统的作用面积大小只与建筑物（　　）的有关。
　　　A. 面积　　　　B. 层数　　　　C. 性质　　　　D. 危险等级

第二章　建　筑　排　水　系　统

1. 建筑内部粪便污水和洗涤废水分别设独立的管道系统排除，称为（　　　）。
   A. 合流制　　　　　B. 分流制　　　　　C. 同流制　　　　　D. 自流制

2. 流量 10L/s＝（　　　）m³/h。
   A. 3.6　　　　　　B. 36　　　　　　　C. 1/36　　　　　　D. 1/3.6

3. 排水立管在底层和楼层转弯时应设置（　　　）。
   A. 检查口　　　　　B. 检查井　　　　　C. 闸阀　　　　　　D. 伸缩节

4. 当排水出户管与污水引入管布置在同一处进出建筑物时，给水引入管与排出管管外壁的水平距离不得小于（　　　）。
   A. 0.5mm　　　　　B. 1.0mm　　　　　C. 1.5mm　　　　　D. 2.0mm

5. 塑料排水立管穿越楼层处为固定支承，且排水支管在楼板之上接入时，伸缩节应置于（　　　）。
   A. 水流汇合配件之下　　　　　　　　B. 水流汇合配件之上
   C. 楼层的任何部位　　　　　　　　　D. 楼道

6. 建筑给水硬聚氯乙烯管道系统的水压试验必须在粘接连接安装（　　　）后进行。
   A. 24h　　　　　　B. 36h　　　　　　C. 48h　　　　　　D. 96h

7. 阀门型号为 J11T-1.6，表示这个阀门（　　　）。
   A. 公称压力为 11MPa　　　　　　　B. 工作压力为 11MPa
   C. 工作压力为 1.6MPa　　　　　　　D. 公称压力为 1.6MPa

8. 塑料管和与金属管配件采用螺纹连接的管道系统，其连接部位管道的管径不得（　　　）。
   A. 大于 63mm　　B. 大于 50mm　　C. 大于 75mm　　D. 小于 50mm

9. 无底座水泵的安装顺序为（　　　）。
   A. 先安装水泵，再安装电动机　　　B. 先安装电动机，再安装水泵
   C. 无先后顺序　　　　　　　　　　D. 以上都不对

10. 当要阻止水流反向流动时，应在管道上装（　　　）。
    A. 闸阀　　　　　　B. 截止阀　　　　　C. 止回阀　　　　　D. 浮球阀

11. 报警阀组宜设在安全及易于操作的地点，报警阀距地面的高度宜为（　　　）。
    A. 1.0m　　　　　　B. 1.2m　　　　　　C. 1.5m　　　　　　D. 1.8m

12. 消火栓出口压力超过（　　　）时，应设减压孔板或减压阀减压。
    A. 100kPa　　　　　B. 500kPa　　　　　C. 800kPa　　　　　D. 1000kPa

13. 所有热水横管应有与水流相反的坡度，便于排气和泄水，其坡度一般不小于（　　）。
　　A．0.01　　　　　　B．0.001　　　　　C．0.03　　　　　D．0.003

14. 在水流偏转角大于45°的排水横干管上应装（　　）。
　　A．清扫口　　　　B．检查口　　　　C．检查井　　　　D．阀门

15. 排水立管与排出管宜采用（　　）连接。
　　A．2个45°弯头　B．90°弯头　　　C．乙字管　　　　D．水管折弯

16. 排水立管最小管径可采用（　　）。
　　A．DN50　　　　　B．DN100　　　　C．DN150　　　　D．DN200

17. 排出管距室外第一个检查井的距离不要小于（　　）。
　　A．1m　　　　　　B．2m　　　　　　C．3m　　　　　　D．4m

18. 小区干管和小区组团道路下的排水管道最小覆土厚度不宜小于（　　）。
　　A．0.3m　　　　　B．1.5m　　　　　C．0.7m　　　　　D．1.0m

19. 小便槽或连接3个及3个以上手动冲洗小便器的排水管管径不得小于（　　）。
　　A．150mm　　　　B．100mm　　　　C．75mm　　　　　D．50mm

20. 根据污废水来源，建筑排水系统分为生活排水系统、工业废水排水系统、（　　）。
　　A．住宅排水系统　　　　　　　　　B．污水排水系统
　　C．屋面雨水排水系统　　　　　　　D．消防排水系统

21. 排水体制分为合流制和（　　）。
　　A．分流制　　　　B．暗流制　　　　C．枝状　　　　　D．环状

22. （　　）是供水并收集、排出污废水或污物的容器或装置。
　　A．卫生器具　　　B．水龙头　　　　C．洗脸盆　　　　D．排水立管

23. （　　）为清除排水管道内污物、疏通排水管道而设置的排水附件。
　　A．清通设备　　　B．检查井　　　　C．大便器　　　　D．泄气阀

24. （　　）是设置在卫生器具内部或与卫生器具排水管连接、带有水封的配件。
　　A．角阀　　　　　B．排水栓　　　　C．存水弯　　　　D．闸阀

25. （　　）应设置在容器溅水的卫生器具附近地面的最低处。
　　A．排气孔　　　　B．地漏　　　　　C．存水弯　　　　D．下水道

26. 在连接2个及2个以上的大便器或3个及3个以上卫生器具的铸铁排水横管上，宜设置（　　）。
　　A．检查口　　　　B．清扫口　　　　C．检查井　　　　D．跌水井

27. 塑料排水立管宜每6层设置一个（　　）。
　　A．检查口　　　　B．清扫口　　　　C．检查井　　　　D．地漏

28. 铸铁排水立管的检查口之间的距离不宜（　　）10m。
    A. 大于　　　　　　B. 等于　　　　　　C. 小于　　　　　　D. 都可以

29. （　　）顶端与大气相通以补气排气，平衡排水管道系统中压力波动的通气方式。
    A. 排水管　　　　　B. 给水管　　　　　C. 通气管　　　　　D. 热水管

30. （　　）是指排水立管与最上层排水横支管连接处向上垂直延伸室外通气用的管道。
    A. 主通气管　　　　B. 副通气管　　　　C. 环形通气管　　　D. 伸顶通气管

31. 通气管高出屋面不得小于 0.3m，且应大于该地区（　　）。
    A. 最小积雪厚度　　B. 最大积雪厚度　　C. 平均积雪厚度　　D. 最大暴雨强度

32. 集水池有效容积不宜小于最大一台污水泵（　　）的出水量。
    A. 1min　　　　　　B. 5min　　　　　　C. 15min　　　　　D. 25min

33. 屋面雨水排水系统分为外排水和（　　）。
    A. 内排水　　　　　B. 天沟排水　　　　C. 檐沟排水　　　　D. 管道排水

34. 檐沟外排水由檐沟、（　　）及立管组成。
    A. 雨水斗　　　　　B. 排出管　　　　　C. 悬吊管　　　　　D. 连接管

35. 内排水系统按每根立管接纳雨水斗的数目可分为（　　）和多斗雨水排水体统。
    A. 单斗　　　　　　B. 双斗　　　　　　C. 三斗　　　　　　D. 大斗

36. 内排水系统适用于跨度大、屋面面积（　　）、寒冷地区、屋面造型特殊、屋面有天窗、
    立面要求美观不宜在外墙敷设立管的各种建筑。
    A. 大　　　　　　　B. 小　　　　　　　C. 中等　　　　　　D. 没要求

37. 屋面雨水排水管道有（　　）流排水系统、满管压力流排水系统两种流态。
    A. 重力　　　　　　B. 冲力　　　　　　C. 惯性力　　　　　D. 反冲力

38. 重力流排水系统采用重力流雨水斗或（　　）型雨水斗。
    A. 56　　　　　　　B. 79　　　　　　　C. 87　　　　　　　D. 77

39. 住宅生活污水的局部处理结构是（　　）。
    A. 隔油池　　　　　B. 沉淀池　　　　　C. 化粪池　　　　　D. 检查井

40. 自带存水弯的卫生器具有（　　）。
    A. 污水盆　　　　　B. 坐式大便器　　　C. 浴缸　　　　　　D. 洗涤盆

41. 下面哪一类水不属于生活污水（　　）。
    A. 洗衣排水　　　　B. 大便器排水　　　C. 雨水　　　　　　D. 厨房排水

42. 下列卫生器具和附件能自带存水弯的有（　　）。
    A. 洗脸盆　　　　　B. 浴盆　　　　　　C. 地漏　　　　　　D. 污水池

43. 在排水系统中需要设置清通设备，（　　）不是清通设备。

A．检查口　　　　　　B．清扫口　　　　　　C．检查井　　　　　　D．地漏

44．对排水管道布置的描述，（　　）是不正确的。
　　A．排水管道布置长度力求最短　　　　　B．排水管道不得穿越橱窗
　　C．排水管道可穿越沉降缝　　　　　　　D．排水管道尽量少转弯

45．对排水管道布置的描述，（　　）是不正确的。
　　A．排水管道布置力求长度最短　　　　　B．排水管道要保证一定的坡度
　　C．排水管道可穿越伸缩缝　　　　　　　D．排水管道弯头最好大于90°

46．高层建筑排水系统的好坏很大程度上取决于（　　）。
　　A．排水管径是否足够　　　　　　　　　B．通气系统是否合理
　　C．是否进行竖向分区　　　　　　　　　D．同时使用的用户数量

47．在排水系统中需要设置清通设备，（　　）是清通设备。
　　A．检查口　　　　　　B．存水弯　　　　　　C．通气管　　　　　　D．地漏

48．排出管穿越承重墙，应预留洞口，管顶上部净空不得小于建筑物最大沉降量，一般不得小于（　　）。
　　A．0.15m　　　　　　B．0.1m　　　　　　C．0.2m　　　　　　D．0.3m

49．水落管外排水系统中，水落管的布置间距（民用建筑）一般为（　　）。
　　A．8m　　　　　　　B．8～16m　　　　　　C．12m　　　　　　D．12～16m

50．以下哪条是错误的？（　　）
　　A．污水立管应靠近最脏、杂质最多地方
　　B．污水立管一般布置在卧室墙角明装
　　C．生活污水立管可安装在管井中
　　D．污水横支管具有一定的坡度，以便排水

51．在高级宾馆客房卫生间可使用的大便器是（　　）。
　　A．低水箱蹲式大便器　　　　　　　　　B．低水箱坐式大便器
　　C．高水箱坐式大便器大便槽　　　　　　D．高水箱蹲式大便器

52．下列排水横管的布置敷设正确的是（　　）。
　　A．排水横支管可长可短，尽量少转弯
　　B．横支管可以穿过沉降缝、烟道、风道
　　C．横支管可以穿过有特殊卫生要求的生产厂房
　　D．横支管不得布置在遇水易引起燃烧、爆炸或损坏的原料、产品和设备上面

53．当横支管悬吊在楼板下，接有4个大便器，顶端应设（　　）。
　　A．清扫口　　　　　　B．检查口　　　　　　C．检查井　　　　　　D．窨井

54．对塑料排水立管的布置敷设，错误的是（　　）。
　　A．立管应靠近排水量大，水中杂质多，最脏的排水点处

B．立管不得穿过卧室、病房，也不宜靠近与卧室相邻的内墙

C．立管宜靠近外墙，以减少埋地管长度，便于清通和维修

D．立管应设检查口，其间距不大于3m，但底层和最高层必须设

55．（　　）不是雨水斗的作用。

　　A．排泄雨、雪水

　　B．对进水具有整流作用，导流作用，使水流平稳

　　C．增加系统的掺气

　　D．有拦截粗大杂质的作用

56．需要进行消毒处理的污水是（　　）。
　　A．生活粪便污水　　B．医院污水　　C．机械工业排水　　D．冷却废水

57．需要进行隔油处理的污水是（　　）。
　　A．住宅污水　　　　B．医院污水　　C．汽车修理车间　　D．冷却废水

58．排入城市排水管道的污水水温不高于（　　）。
　　A．40℃　　　　　　B．50℃　　　　C．60℃　　　　　　D．70℃

59．大便器的最小排水管管径为（　　）。
　　A．50mm　　　　　B．D．75mm　　C．100mm　　　　　D．150mm

60．洗脸盆安装高度（自地面至器具上边缘）为（　　）。
　　A．800mm　　　　B．1000mm　　C．1100mm　　　D．1200mm

61．目前常用排水塑料管的管材一般是（　　）。
　　A．聚丙烯　　　　　B．硬聚氯乙烯　　C．聚乙烯　　　　　D．聚丁烯

62．排水立管一般不允许转弯，当上下层位置错开时，宜用乙字弯或（　　）连接。
　　A．90°弯头　　　　　　　　　　　B．一个45°弯头
　　C．两个45°弯头　　　　　　　　　D．两个90°弯头

63．当排水系统采用塑料管时，为消除因温度所产生的伸缩对排水管道系统的影响，在排水立管上应设置（　　）。
　　A．方形伸缩器　　B．伸缩节　　　C．软管　　　　　D．弯头

64．为了防止污水回流，无冲洗水箱的大便器冲洗管必须设置（　　）。
　　A．闸阀　　　　　B．止回阀　　　C．自闭式冲洗阀　　D．截止阀

65．高层建筑排水立管上设置乙字弯是为了（　　）。
　　A．消能　　　　　B．消声　　　　C．防止堵塞　　　　D．通气

66．检查口中心距地板面的高度一般为（　　）。
　　A．0.8m　　　　B．1m　　　　　C．1.2m　　　　　D．1.5m

67．伸顶通气管应高出不上人屋面的长度不得小于（　　）。

A．0.3m　　　　　　B．0.5m　　　　　　C．0.7m　　　　　　D．2.0m

68. 塑料排水管应避免靠近热源布置，立管与家用灶具边缘的净距不得小于 400m 且管道表面受热温度不大于（　　）。

A．40℃　　　　　　B．50℃　　　　　　C．60℃　　　　　　D．70℃

69. 埋地生活饮用水储水池距化粪池的净距不得小于（　　）。

A．5m　　　　　　　B．10m　　　　　　C．15m　　　　　　D．20m

70. 为了防止管道应地面荷载而受到损坏，《室外排水设计规范》（GB 50014—2011）规定，在车行道下，管道最小覆土厚度一般不小于（　　）。

A．0.4m　　　　　　B．0.5m　　　　　　C．0.7m　　　　　　D．1.0m

71. 同层排水的缺点是（　　）。

A．减少卫生间楼面留洞　　　　　　B．安装在楼板下的横支管维修方便
C．排水噪声小　　　　　　　　　　D．卫生间楼面需下沉

72. 埋地生活饮用水储水池距污水管的净距不得小于（　　）。

A．5m　　　　　　　B．2m　　　　　　　C．10m　　　　　　D．4m

73. 目前最常用的排水塑料管是（　　）。

A．UPVC　　　　　B．PE　　　　　　　C．PP　　　　　　　D．A.B.S

74. 经常有人停留的平屋面上，通气管口应高出屋面（　　）。

A．2m　　　　　　　B．1.8m　　　　　　C．0.6m　　　　　　D．0.3m

75. 连接小便槽的污水支管，其管径不得小于（　　）。

A．50mm　　　　　B．75mm　　　　　C．100mm　　　　　D．150mm

76. 当层高不大于 4m 时，塑料排水立管上的伸缩节应（　　）。

A．每层设 1 个　　　　　　　　　　B．每层设 2 个
C．每 2m 设 1 个　　　　　　　　　D．每 4m 设 1 个

77. 在塑料排水横管上当管线的长度大于（　　）应设置伸缩节。

A．4m　　　　　　　B．2m　　　　　　　C．3m　　　　　　　D．1m

78. 高层建筑内塑料排水立管管径不小于 110mm 时，穿越楼板处应设置（　　）。

A．刚性套管　　　　B．阻火圈　　　　　C．柔性套管　　　　D．留洞

79. 地漏的水封高度不小于（　　）。

A．100 mm　　　　B．75 mm　　　　　C．50 mm　　　　　D．25 mm

80. 一般卫生间地漏的直径不小于（　　）。

A．100mm　　　　　B．75mm　　　　　C．50mm　　　　　D．25mm

81. 公共厨房地漏的直径不小于（　　）。

A. 100mm   B. 75mm   C. 50mm   D. 25mm

82. 下列卫生器具和附件能自带存水弯的有（   ）。
    A. 洗脸盆   B. 浴盆   C. 挂式小便器   D. 污水池

83. 三格化粪池第一格的容量为总容量的（   ）。
    A. 60%   B. 50%   C. 40%   D. 30%

84. 三格化粪池第二、三格的容量各为总容量的（   ）。
    A. 60%   B. 50%   C. 40%   D. 20%

85. 双格化粪池第一格的容量为总容量的（   ）。
    A. 60%   B. 75%   C. 40%   D. 50%

86. $DN100$ 的排水管道的最大充满度为（   ）。
    A. 0.5%   B. 0.6%   C. 1%   D. 1.7%

87. $DN150$ 的排水管道的最大充满度为（   ）。
    A. 0.5%   B. 0.6%   C. 1%   D. 1.7%

88. 排水管道最大计算充满度 h/D 的含义是（   ）。
    A. 管长与管径之比   B. 管内水深与管径之比
    C. 周长与管径之比   D. 水深与管道周长之比

89. 设置排水管道最小流速的原因是（   ）。
    A. 减少管道磨损   B. 防止管中杂质沉淀到管底
    C. 保证管道最大充满度   D. 防止污水停留

90. 排水系统的3立管系统是指（   ）。
    A. 2根通气立管与1根污水立管结合的系统
    B. 2根污水立管与1根通气立管结合的系统
    C. 2根废水立管与1根通气立管结合的系统
    D. 1根通气立管与1根污水立管1根废水立管结合的系统

91. 隔板式降温池中隔板的作用是（   ）。
    A. 降低池内水流速度
    B. 增加池内水流路程
    C. 降低池内水流速度，降低池内水流速度
    D. 增加通气效果

92. 化粪池中过水孔的高度是（   ）。
    A. 与水面平   B. 与池底平   C. 水深的1/2   D. 随便

93. 化粪池的进出水管应是（   ）。
    A. 直管   B. 均设置导流装置
    C. 进水管设置导流装置   D. 出水管设置导流装置

94. 一个卫生器具排水当量相当于（　　）。
    A. 0.1L/s　　　　　B. 0.2L/s　　　　　C. 0.33L/s　　　　　D. 0.4L/s

95. 对平屋顶可上人屋面，伸顶通气管应伸出屋面（　　）。
    A. 2.0m　　　　　B. 1.5m　　　　　C. 0.6m　　　　　D. 1.0m

96. 凡连接有大便器的排水管管径不得小于（　　）。
    A. 50mm　　　　　B. 75mm　　　　　C. 100mm　　　　　D. 150mm

97. 排水塑料立管宜每（　　）设检查口。
    A. 3层　　　　　B. 4层　　　　　C. 5层　　　　　D. 6层

98. 在连接（　　）的大便器的塑料排水横管上宜设置清扫口。
    A. 1个及1个以上　　　　　　　　B. 2个及2个以上
    C. 3个及3个以上　　　　　　　　D. 4个及4个以上

99. 自流排水横管内，污、废水是在（　　）的情况下排除。
    A. 满流　　　　　B. 非满流　　　　　C. 均匀流　　　　　D. 恒定流

100. 除坐式大便器外，连接卫生器具的排水支管上应装（　　）。
    A. 检查口　　　　　B. 闸阀　　　　　C. 存水弯　　　　　D. 通气管

101. 对公共食堂的洗涤池或污水盆的排水管管径不得小于（　　）。
    A. 50mm　　　　　B. 75mm　　　　　C. 100mm　　　　　D. 150mm

102. 带水封地漏水封深度不得小于（　　）。
    A. 25mm　　　　　B. 30mm　　　　　C. 40mm　　　　　D. 50mm

103. 建筑内部硬聚乙烯排水横支管的坡度应为（　　）。
    A. 0.03　　　　　B. 0.01　　　　　C. 0.026　　　　　D. 0.05

104. 水封井的水封深度采用0.25m是指（　　）。
    A. 水封井内上游管中心至水封井水面距离
    B. 水封井内上游管内顶至水封井水面距离
    C. 水封井内下游中心至水封井水面距离
    D. 水封井内下游管内顶至水封井水面距离

105. 排水铸铁管用于重力流排水管道，连接方式为（　　）。
    A. 承插　　　　　B. 螺纹　　　　　C. 法兰　　　　　D. 焊接

106. 排水当量是给水当量的（　　）。
    A. 1倍　　　　　B. 2倍　　　　　C. 1.33倍　　　　　D. 1.21倍

107. 以下哪种属于盥洗类卫生器具?（　　）
    A. 浴盆　　　　　B. 洗涤盆　　　　　C. 洗脸盆　　　　　D. 洗碗机

108. 以下哪种属于洗涤类卫生器具？（　　　）

    A．洗手盆　　　　B．淋浴器　　　　C．大便器　　　　D．化验盆

109. 以下哪种属于便溺类卫生器具？（　　　）

    A．倒便器　　　　B．盥洗槽　　　　C．污水盆　　　　D．淋浴盆

110. 住宅建筑中推广采用一次冲水量不得大于（　　　）L。

    A．3　　　　　　B．4　　　　　　C．5　　　　　　D．6

111. 存水弯中的水封是由一定高度的（　　　）所形成。

    A．空气柱　　　　B．水柱　　　　C．废水柱　　　　D．活塞

112. 低水箱坐式便器给水横支管安装高度为（　　　）。

    A．0.25m　　　　B．0.35m　　　　C．0.50m　　　　D．1.0m

113. 室内排水管道的附件主要指（　　　）。

    A．管径　　　　　B．坡度　　　　C．流速　　　　D．存水弯

114. 特殊配件管适用于哪种排水系统？（　　　）

    A．易设置专用通气管的建筑　　　　B．同层接入的横支管较少

    C．横管与立管的连接点较多　　　　D．普通住宅

115. 存水弯的作用是在其内形成一定高度的水封，水封的主要作用是（　　　）。

    A．阻止有毒有害气体或虫类进入室内

    B．通气作用

    C．加强排水能力

    D．意义不大

116. 下列关于建筑内部设置通气管道的目的的叙述中，不正确的是（　　　）。

    A．保持排水管道内气压平衡，防止因气压波动造成水封破坏

    B．将有毒有害气体排至室外

    C．减小排水系统的杂音

    D．辅助接纳污废水，并将其排至室外

117. 下列关于生活污水处理站设置的叙述中，错误的是（　　　）。

    A．居住小区生活污水处理站应采用绿化带与其他建筑物隔开

    B．处理站应设置在绿化、停车坪及室外空地的地下

    C．生活污水处理设施布置在建筑地下室时，可与给水泵方共用一个房间

    D．生活污水处理设施布置的房间应有良好的通风系统，当处理设施为敞开式时，换气次数不宜小于 15 次/h。

118. 下列关于建筑屋面雨水斗和天沟设置的叙述中，不符合现行《建筑给排水设计规范》（GB 50015—2009）的是（　　　）。

    A．不同设计排水流态的屋面雨水排水体统应选用相同的雨水斗

B. 屋面雨水管道如按压力流设计时，同一系统的雨水斗宜设置在同一水平面上

C. 天沟应以伸缩缝、沉降缝和变形缝为分界线

D. 天沟坡度不宜大于 0.003

119. 化粪池距离地下水取水构筑物不得小于（　　）。

    A. 5m   B. 5m   C. 20m   D. 30m

120. 化粪池主要是利用（　　）原理去除生活污水中的悬浮性有机物的。

    A. 沉淀和过滤   B. 沉淀和厌氧发酵

    C. 沉淀和好氧发酵   D. 沉淀和好氧氧化

121. 建筑屋面各汇水范围内，雨水排水立管根数不宜少于（　　）。

    A. 2 根   B. 3 根   C. 4 根   D. 5 根

122. 下列关于医院污水处理设计的叙述中，正确的是（　　）。

    A. 化粪池作为医院污水消毒前的预处理时，其容积应按污水在池内停留时间小于 24h 计算

    B. 经消毒处理后的医院污水，不得排入生活饮用水的集中取水点上游 100m 的水体范围内

    C. 医院污水排入地表水体时应采用一级污水处理工艺

    D. 医院污水消毒一般宜采用氯消毒

123. 根据《建筑给排水设计规范》（GB 50015—2009），重力流屋面雨水排水系统中，悬吊管和埋地管应分别按（　　）设计。

    A. 非满流、满流   B. 满流、非满流

    C. 非满流、非满流   D. 满流、满流

124. 根据《建筑给排水设计规范》（GB 50015—2009），下列情况下应设置环形通气管的是（　　）。

    A. 在连接有 3 个卫生器具长度为 10m 的排水横支管上

    B. 在设有器具通气管时

    C. 在连接有 5 个大便器的横支管上

    D. 在高层建筑中

125. 当靠近排水立管底部的排水支管连接处距立管管底的垂直距离不满足规范要求时，应单独排出，否则其存水弯中会出现冒水现象，这是由于（　　）造成的。

    A. 横干管起端正压过大   B. 横干管起端负压过大

    C. 横干管起端正、负压交替变化   D. 横干管污物堵塞

126. 下列关于水封高度的叙述中正确的是（　　）。

    A. 水封主要是利用一定高度的净水压力来抵抗排水管内气压变化，防止管内气体进入室内，因此水封的高度仅与管内气压变化有关

    B. 在实际设置中水封高度越高越好

C. 水封高度不应小于 100mm

D. 水封高度太小，管内气体容易克服水封的净水压力进入室内，污染环境

127. 下列污废水中，可以直接排入市政排水管道的是（　　）。

A. 住宅厨房洗涤用水

B. 水质超过排放标准的医院污水

C. 洗车台冲洗水

D. 水加热器、锅炉等水温超过 40℃的排水

128. 下列情况下，应采用合流制排水系统的是（　　）。

A. 小区内设有生活污水和生活废水分流的排水系统

B. 城市有污水处理厂时

C. 建筑物对卫生标准要求高时

D. 生活污水需经化粪池处理后才能排入市政排水管道时

129. 建筑内部排水系统的基本组成部分分为卫生器具和生产设备受水器、排水管道以及（　　）。

A. 清通设备和通气管道

B. 清通设备和局部处理构筑物

C. 通气管道和提升设备

D. 清通设备和提升设备

130. 排水系统中，检查口安装在____管上，清扫口安装在____管上。（　　）

A. 立；横　　　　B. 横；立　　　　C. 横；横　　　　D. 立；立

131. 室内排水系统的主要组成部分由卫生器具和生产设备受水器、排水管道、通气管道、清通设备、提升设备、（　　）。

A. 阀门

B. 散热器

C. 排气阀

D. 污水局部处理构筑物

132. 正确处理管道交叉之间的关系，原则是小管让大管，（　　）。

A. 无压让有压　　B. 有压让无压　　C. 都可以　　　　D. 以上都不对

133. 间接排水是指设备或容器的排水管与污废水管道管道之间，不但要设有存水弯隔气，而且还应留有一段（　　）间隔。

A. 清水　　　　　B. 污水　　　　　C. 空气　　　　　D. 空间

134. 建筑内部生活排水管道的坡度规定有通用坡度和（　　）两种。

A. 最大坡度　　　B. 现行坡度　　　C. 最小坡度　　　D. 实际坡度

135. 屋面雨水内排水系统由天沟、（　　）、连接管、悬吊管、立管、排出管、埋地干管和检查井组成。

A. 散热器　　　　B. 雨水斗　　　　C. 水泵　　　　　D. 延迟器

136. 室内排水管道均应设置（　　）。

A. 环形通气管　　B. 器具通气管　　C. 主通气管　　　D. 伸顶通气管

137. 化粪池的容积主要包括（　　）和保护容积。

A. 标准容积　　　B. 污水容积　　　C. 有效容积　　　D. 无效容积

138. 建筑内部排水定额有两种，主要是以每人每日为标准和（　　　）。
   A. 以给水定额为标准　　　　　B. 以卫生器具为标准
   C. 以地区生活习惯为标准　　　D. 以建筑内卫生设备完善成度为标准

第三章 给排水施工与维护

1. 管材可分为金属管（铸铁管和钢管）和非金属管（预应力钢筋混凝土管、玻璃钢管和塑料管），管材的选择取决于（　　　）。
   A．承受的水压　　　B．外部荷载　　　C．土的性质　　　D．以上均正确

2. 管道的埋设深度应根据（　　　）等因素确定。
   A．冰冻情况　　　B．外部荷载　　　C．管材强度　　　D．以上均正确

3. （　　　）虽有较强的耐腐蚀性，但由于连续铸管工艺的缺陷，质地较脆，抗冲击和抗震能力差，接口易漏水，易产生水管断裂和爆管事故，且重量较大。
   A．灰铸铁管　　　B．球墨铸铁管　　　C．钢筋混凝土管　　　D．玻璃钢管

4. （　　　）重量较轻，很少发生爆管、渗水和漏水现象。
   A．灰铸铁管　　　B．球墨铸铁管　　　C．钢筋混凝土管　　　D．玻璃钢管

5. （　　　）采用推入式楔形胶圈柔性接口，也可用法兰接口，施工安装方便，接门的水密性好，有适应地基变形的能力，抗震效果也好，因此是一种理想的管材。
   A．灰铸铁管　　　B．球墨铸铁管　　　C．钢筋混凝土管　　　D．玻璃钢管

6. （　　　）的特点是能耐高压、耐振动、重量较轻、单管的长度大和接口方便，但承受外荷载的稳定性差，耐腐蚀性差，管壁内外都需要有耐腐措施，造价较高。通常只在大管径和水压高处，以及因地质、地形条件限制或穿越铁路、河谷和地震区时使用。
   A．预应力钢筋混凝土管　　　　　　　B．自应力钢筋混凝土管
   C．钢管　　　　　　　　　　　　　　D．玻璃钢管

7. （　　　）能够节省钢材和造价，管壁光滑不易结垢，但重量大，不便于运输和安装。
   A．预应力钢筋混凝土管　　　　　　　B．自应力钢筋混凝土管
   C．钢管　　　　　　　　　　　　　　D．玻璃钢管

8. （　　　）是一种新型管材，具有耐腐蚀、水力性能好（粗糙系数小）、重量轻（钢材的1/4左右）、双胶圈接口水密性能好、施工简便等优点。
   A．预应力钢筋混凝土管　　　　　　　B．自应力钢筋混凝土管
   C．钢管　　　　　　　　　　　　　　D．玻璃钢管

9. 预应力钢筒混凝土管是在预应力钢筋混凝土管内放入钢管，其用钢材量比钢管少，价格比钢管便宜。其接口为（　　　），承口环和插口环均用扁钢压制成型，与钢筒焊成一体，是一种比较理想的管材。
   A．柔性接口　　　B．刚性接口　　　C．承插式　　　D．焊接式

10. （　　）在输水管道和给水管网中起分段和分区的隔离检修作用，并可用来调节管线中的流量或水压。
   A. 排气阀　　　　B. 泄水阀　　　　C. 止回阀　　　　D. 阀门

11. （　　）是限制压力管道中的水流朝一个方向流动的阀门。
   A. 排气阀　　　　B. 泄水阀　　　　C. 止回阀　　　　D. 阀门

12. （　　）一般安装在水泵出水管上，防止因断电或其他事故时水流倒流而损坏水泵。
   A. 排气阀　　　　B. 泄水阀　　　　C. 止回阀　　　　D. 阀门

13. （　　）具有在管路出现负压时向管中进气的功能，从而减轻水锤对管路的危害。
   A. 排气阀　　　　B. 泄水阀　　　　C. 止回阀　　　　D. 阀门

14. 在管线的最低点需安装（　　），用以排除管中的沉淀物以及检修时放空管内的存水。其口径由所需放空时间决定。
   A. 排气阀　　　　B. 泄水阀　　　　C. 止回阀　　　　D. 阀门

15. 闸阀的闸板有楔式和平行式两种，根据阀门使用时阀杆是否上下移动，可分为明杆和暗杆，一般选用（　　）连接方式。
   A. 法兰　　　　B. 焊接　　　　C. 承插口　　　　D. 对夹

16. 止回阀的类型有（　　）等形式，为减轻水锤对管道和设备的损害，应考虑选择具有防止水锤作用的止回阀和附属设施。
   A. 旋启式　　　　　　　　　　B. 微阻缓闭式
   C. 多功能水泵控制阀　　　　　D. 以上均正确

17. 当金属管道需要内防腐时，宜首先考虑（　　）衬里。
   A. 水泥砂浆　　　B. 混凝土　　　C. 石棉水泥　　　D. 膨胀性水泥

18. 承插式预应力钢筋混凝土管和承插式自应力钢筋混凝土管一般可采用（　　）接口。
   A. 膨胀性水泥　　B. 橡胶圈　　　C. 青铅　　　　D. 石棉水泥

19. 管道平直段会存在窝气堵塞过水断面的问题，因此，在配水管网的隆起点和平直段的必要位置应装设（　　）。
   A. 排气阀　　　　B. 泄水阀　　　　C. 止回阀　　　　D. 阀门

20. 为满足管道排空、排泥和管道冲洗等需要，在管道低处应装设（　　），其数量和直径应通过计算确定。
   A. 排气阀　　　　B. 泄水阀　　　　C. 止回阀　　　　D. 阀门

21. 金属管道覆土深度不宜小于（　　）。
   A. 0.5m　　　　B. 0.7m　　　　C. 1.0m　　　　D. 1.2m

22. 预应力钢筒混凝土管是在预应力钢筋混凝土管内放入钢管，其用钢材量比钢管少，价格比钢管便宜。其接口为（　　），承口环和插口环均用扁钢压制成型，与钢筒焊成一体，是一种比较理想的管材。

    A．柔性接口   B．刚性接口   C．承插式   D．焊接式

23．（   ）在输水管道和给水管网中起分段和分区的隔离检修作用，并可用来调节管线中的流量或水压。

    A．排气阀   B．泄水阀   C．止回阀   D．阀门

24．（   ）是限制压力管道中的水流朝一个方向流动的阀门。

    A．排气阀   B．泄水阀   C．止回阀   D．阀门

25．（   ）一般安装在水泵出水管上，防止因断电或其他事故时水流倒流而损坏水泵。

    A．排气阀   B．泄水阀   C．止回阀   D．阀门

26．关于给水管道的腐蚀，下列叙述有误的一项是（   ）。

    A．腐蚀是金属管道的变质现象，其表现方式有生锈、坑蚀、结瘤、开裂或脆化等

    B．按照腐蚀过程的机理，可分为没有电流产生的化学腐蚀，以及因形成原电池而产生电流的电化学腐蚀（氧化还原反应）

    C．给水管网在水中和土壤中的腐蚀，以及流散电流引起的腐蚀，都是化学腐蚀

    D．一般情况下，水中含氧越高，腐蚀越严重

27．下列叙述有误的一项是（   ）。

    A．水的 pH 值明显影响金属管道的腐蚀速度，pH 值越低，腐蚀越快，中等 pH 值时不影响腐蚀速度，高 pH 值时因金属管道表面形成保护膜，腐蚀速度减慢

    B．水的含盐量过高，则腐蚀会加快

    C．水流速度越小，腐蚀越快

    D．海水对金属管道的腐蚀远大于淡水

28．防止给水管道腐蚀的方法不包括（   ）。

    A．采用非金属管材，如预应力或自应力钢筋混凝土管、玻璃钢管、塑料管等

    B．金属管内壁喷涂涂料、水泥砂浆、沥青等，以防止金属和水接触而产生腐蚀

    C．根据土壤和地下水性质，金属管外壁采取涂保护层防腐

    D．阳极保护措施

29．当给水管设在污水管侧下方时，给水管必须采用（   ）管材。

    A．塑料   B．金属   C．钢筋混凝土   D．玻璃

30．管道平直段会存在窝气堵塞过水断面的问题，因此，在配水管网的隆起点和平直段的必要位置应装设（   ）。

    A．排气阀   B．泄水阀   C．止回阀   D．阀门

31．明杆阀门（   ）。

    A．适用于手工启闭   B．适用于电动启闭

    C．易于掌握开启度   D．适用于较小空间

32. 埋地敷设的给水管道不宜采用（　　）接口。
    A．粘接　　　　　　B．法兰　　　　　　C．焊接　　　　　　D．承插

33. 金属给水管道应考虑防腐措施。当金属管道需要内防腐时，宜首先考虑（　　）。
    A．水泥砂浆衬里　B．涂防锈漆　　　　C．刷热沥青　　　　D．阴极保护

34. 用于给水干管外防腐的通入直流电的阴极保护方法的正确做法应是（　　）。
    A．铝镁等阳极材料通过导线接至钢管
    B．废铁通过导线连电源正极，钢管通过导线连电源负极
    C．废铁通过导线连电源负极，钢管通过导线连电源正极
    D．铜通过导线连电源负极，钢管通过导线连电源正极

35. 采用牺牲阳极法保护钢管免受腐蚀性土壤侵蚀，其基本方法是（　　）。
    A．钢管设涂层，使钢管成为中性
    B．每隔一定间距，连接一段非金属管道
    C．连接消耗性阳极材料，使钢管成为阴极
    D．连接消耗性材料，使钢管成为阳极

36. 施工人员进入污水管内进行作业应使用（　　）。
    A．绳索　　　　　　　　　　　　B．呼吸器
    C．呼吸器和安全带　　　　　　　D．安全带

37. 影响管道集泥的主要因素是（　　）。
    A．管径大小　　　B．管道埋深　　　C．管内水流速度　D．管道接口

38. 因硫化氢而造成的管道腐蚀通常发生在管道的（　　）。
    A．底部　　　　　　B．顶部　　　　　　C．两侧　　　　　　D．四周

39. 不得间断供水的泵房，应设两个外部独立电源，如不可能时，应设备用动力设备，其能力应能满足发生事故时的（　　）要求。
    A．用电　　　　　　B．水压　　　　　　C．用水　　　　　　D．水量

40. 当供水量变化大时，选泵应考虑水泵大小搭配，但型号（　　），电机的电压宜一致。
    A．应当相同　　　B．以大泵为主　　　C．不宜过多　　　D．不超过两种

41. 给水系统选择供水泵的型号和台数时，应根据（　　）、水压要求、水质情况、调节水池大小等因素，综合考虑确定。
    A．最高日用水量变化情况　　　　B．平均日用水量变化情况
    C．逐日、逐时和逐季水量变化情况　D．逐季和逐年用水量变化情况

42. 设计满流输水管道时，应考虑发生水锤的可能，必要时应采取（　　）的措施。
    A．设置止回阀　B．消除水锤　　　C．降低水泵扬程　D．采用金属管材

43. 采用牺牲阳极法保护钢管免受腐蚀，是以（　　）。
    A．消耗材料作为阳极　　　　　　B．钢管作为阳极

C．消耗材料作为阴极 D．钢管作为辅助阳极

44．水泵的选择应符合节能要求，当供水量和水压变化较大时，宜选用叶片角度可调、机组（ ）或交换叶轮等措施。

A．并联 B．串联 C．备用 D．调速

45．大样图采取的比例是（ ）。

A．1：10 B．1：100 C．1：50 D．1：200

46．正等轴测图 OX、OY、OZ 三个轴之间的夹角是（ ）。

A．135° B．45° C．120° D．90°

47．读给水管道施工图时，一般按（ ）的顺序进行。

A．引入管→干管→立管→支管→用水设备

B．引入管→立管→干管→支管→用水设备

C．支管→干管→立管→引入管→用水设备

D．用水设备→干管→支管→立管→引入管

48．给水管标高一般为（ ）标高。

A．管顶 B．管中心 C．管底 D．管内底

49．排水管标高一般为（ ）标高。

A．管顶 B．管中心 C．管底 D．管内底

50．管道标高一般以米为单位，标注到小数点后（ ）。

A．1 位 B．2 位 C．3 位 D．4 位

51．反应管道系统和附件空间布置形式的图纸是（ ）。

A．平面图 B．系统图 C．立面图 D．节点图

52． 图例在给水系统中表示（ ）。

A．消火栓、三通 B．截止阀、压力表

C．Y 形过滤器、压力表 D．减压阀、压力表

53． 图例在排水系统中表示（ ）。

A．清扫口、地漏 B．清扫口、通气帽

C．地漏、通气帽 D．检察口、清扫口

54． 图例在给水系统中表示（ ）。

A．消防水泵结合器、单出口消火栓 B．消防水泵结合器、双出口消火栓

C．Y 形过滤器、双出口消火栓 D．减压阀、消防水泵结合器

55． 图例在给排水平面图中表示（ ）。

A．大便器、立式洗脸盆 B．洗涤盆、大便器

C．浴盆、挂式洗脸盆 D．浴盆、立式洗脸盆

56. ▷○ ▽ 图例在给排水平面图中表示（　　　）。
　　A. 坐式大便器、洗脸盆　　　　　　　　B. 坐式大便器、立式小便器
　　C. 立式小便器、妇洗器　　　　　　　　D. 坐式大便器、挂式小便器

57. ▭ ▭ 图例在给排水平面图中表示（　　　）。
　　A. 大便器、洗脸盆　　　　　　　　　　B. 洗涤盆、大便器
　　C. 洗涤盆、蹲式大便器　　　　　　　　D. 污水盆、大便器

58. ⊘⊤ ⊙⊤ 图例在给排水平面图中表示（　　　）。
　　A. 排水栓、地漏　　　　　　　　　　　B. 清扫口、地漏
　　C. 地漏、清扫口　　　　　　　　　　　D. 清扫口、排水栓

59. ▷◁ ⊿ 图例符号在给排水平面图中表示（　　　）。
　　A. 止回阀、截止阀、　　　　　　　　　B. 闸阀、减压阀
　　C. 闸阀、蝶阀　　　　　　　　　　　　D. 闸阀、旋塞阀

60. ⊤ ⊳ 图例符号表示（　　　）。
　　A. 闸阀、减压阀　　　　　　　　　　　B. 止回阀、安全阀
　　C. 截止阀、止回阀　　　　　　　　　　D. 止回阀、截止阀

61. ——YL—— ——SM—— 图例符号表示（　　　）。
　　A. 消火栓给水管、自喷管　　　　　　　B. 保温管、水幕灭火管
　　C. 水幕灭火管、雨淋灭火管　　　　　　D. 雨水管、水幕灭火管

62. ⊤⌐ ⊤ 图例符号表示（　　　）。
　　A. 皮带水龙头、脚踏开关　　　　　　　B. 肘式龙头、皮带水龙头
　　C. 脚踏开关、肘式龙头　　　　　　　　D. 皮带水龙头、放水龙头

63. ⊤⌐ ⊤ 图例符号表示（　　　）。
　　A. 皮带水龙头、脚踏开关　　　　　　　B. 肘式龙头、皮带水龙头
　　C. 脚踏开关、肘式龙头　　　　　　　　D. 放水龙头、皮带水龙头

64. ▭HC ▭YC 图例符号表示（　　　）。
　　A. 化粪池、隔油池　　　　　　　　　　B. 降温池、沉淀池
　　C. 化粪池、降温池　　　　　　　　　　D. 沉淀池、降温池

65. ▭CC ▭JC 图例符号表示（　　　）。
　　A. 化粪池、隔油池　　　　　　　　　　B. 降温池、沉淀池
　　C. 化粪池、降温池　　　　　　　　　　D. 沉淀池、降温池

66. ▭ —○— —▭— 图例符号表示（　　　）。
　　A. 雨水口、水封井　　　　　　　　　　B. 雨水口、检查井
　　C. 检查井、雨水口　　　　　　　　　　D. 水封井、跌水井

67. ⊘ ⊘ 图例符号表示（   ）。
    A. 雨水口、水封井　　　　　　　　　B. 雨水口、检查井
    C. 检查井、雨水口　　　　　　　　　D. 水封井、跌水井

68. 系统 ◗ ⋈ 图例符号表示（   ）。
    A. 水泵、潜水泵　　　　　　　　　　B. 水泵、管道泵
    C. 定量泵、管道泵　　　　　　　　　D. 管道泵、水泵

69. ⊶ ⊳ 图例符号表示（   ）。
    A. 水表、水表井　　　　　　　　　　B. 水表井、水表
    C. 减压阀、水表井　　　　　　　　　D. 减压阀、水表

70. ⋈ ⋈ 图例符号表示（   ）。
    A. 温度调节阀、手动闸阀　　　　　　B. 温度调节阀、压力调节阀
    C. 旋塞阀、消声止回阀　　　　　　　D. 压力调节阀、旋塞阀

71. ⋈ ⊳ 图例符号表示（   ）。
    A. 温度调节阀、手动闸阀　　　　　　B. 温度调节阀、压力调节阀
    C. 旋塞阀、消声止回阀　　　　　　　D. 压力调节阀、旋塞阀

72. ●— —◗ 图例符号表示（   ）。
    A. 室外消火栓、室内消火栓　　　　　B. 室外消火栓、单出口消火栓
    C. 疏水器、室内消火栓　　　　　　　D. 疏水器、单出口消火栓

73. ——J—— 图例符号表示（   ）。
    A. 给水管　　　　B. 排水管　　　　C. 热水管　　　　D. 回水管

74. ——N—— 图例符号表示（   ）。
    A. 凝结水管　　　B. 空调凝结水管　　C. 热媒给水管　　D. 自来水管

75. ——F—— 图例符号表示（   ）。
    A. 污水管　　　　B. 空调凝结水管　　C. 废水管　　　　D. 自来水管

76. ——W—— 图例符号表示（   ）。
    A. 污水管　　　　B. 空调凝结水管　　C. 废水管　　　　D. 自来水管

77. ——T—— 图例符号表示（   ）。
    A. 污水管　　　　B. 空调凝结水管　　C. 废水管　　　　D. 通气管

78. ——Y—— 图例符号表示（   ）。
    A. 污水管　　　　B. 雨水管　　　　C. 废水管　　　　D. 供油管

79. ——XN—— 图例符号表示（   ）。
    A. 消火栓给水管　B. 消火栓回水管　　C. 废水管　　　　D. 供油管

80. ——ZP—— 图例符号表示（   ）。

A. 消火栓给水管　　B. 自喷给水管　　　　C. 废水管　　　　　　D. 供油管

81. 〰〰 图例符号表示（　　　）。
　　A. 消火栓给水管　　B. 保温管　　　　　　C. 管道支架　　　　　D. 供油管

82. ⊣—⊣—⊣ 图例符号表示（　　　）。
　　A. 消火栓给水管　　B. 保温管　　　　　　C. 多孔管　　　　　　D. 自喷管

83. ═══ 图例符号表示（　　　）。
　　A. 保温管　　　　　B. 地沟管　　　　　　C. 埋地给水管　　　　D. 暗装管

84. ⊣▭⊣ 图例符号表示（　　　）。
　　A. 防护套管　　　　B. 地沟管　　　　　　C. 埋地给水管　　　　D. 暗装管

85. —◑— 图例符号表示（　　　）。
　　A. 消火栓　　　　　B. 室外消火栓　　　　C. 室内消火栓　　　　D. 疏水器

86. —◐ 图例符号表示（　　　）。
　　A. 室内双出口消火栓　　　　　　　　　　B. 室外消火栓
　　C. 室内单出口消火栓　　　　　　　　　　D. 疏水器

87. —⊗ 图例符号表示（　　　）。
　　A. 室内双出口消火栓　　　　　　　　　　B. 室外消火栓
　　C. 室内单出口消火栓　　　　　　　　　　D. 疏水器

88. 平面 —○—　系统 ▽ 图例符号表示（　　　）。
　　A. 室内消火栓　　　B. 开式下喷喷头　　　C. 闭式上喷喷头　　　D. 闭式下喷喷头

89. 平面 —○—　系统 ▽ 图例符号表示（　　　）。
　　A. 室内消火栓　　　　　　　　　　　　　　B. 开式下喷喷头
　　C. 闭式上喷喷头　　　　　　　　　　　　　D. 闭式下喷喷头

90. 平面 —◉—　系统 ▽ 图例符号表示（　　　）。
　　A. 开式上下喷喷头　　　　　　　　　　　　B. 闭式上喷喷头
　　C. 开式下喷喷头　　　　　　　　　　　　　D. 闭式上下喷喷头

91. 平面 —○—　系统 ▽ 图例符号表示（　　　）。
　　A. 侧喷式喷头　　　　　　　　　　　　　　B. 开式侧喷式喷头
　　C. 侧墙式喷头　　　　　　　　　　　　　　D. 闭式侧墙式喷头

92. —〈 图例符号表示（　　　）。
　　A. 水流指示器　　　B. 三通　　　　　　　C. 水泵结合器　　　　D. Y 形除污器

93. ⌐⌐ 图例符号表示（　　）。
   A．水力警铃　　　　B．消火栓　　　　　C．水泵结合器　　　D．通气帽

94. ━━▭━━ 图例符号表示（　　）。
   A．套管伸缩器　　　B．伸缩节　　　　　C．方形伸缩器　　　D．检查口

95. ━┌┐━ 图例符号表示（　　）。
   A．套管伸缩器　　　B．伸缩节　　　　　C．方形伸缩器　　　D．检查口

96. ▲ 图例符号表示（　　）。
   A．手提式灭火器　　　　　　　　　　　B．大样剖面符号
   C．推车式灭火器　　　　　　　　　　　D．给水系统符号

97. 图例符号表示（　　）。
   A．皮带水龙头　　　　　　　　　　　　B．洗衣机水龙头
   C．化验龙头　　　　　　　　　　　　　D．混合水龙头

98. 图例符号表示（　　）。
   A．皮带水龙头　　　B．洗衣机水龙头　　C．化验龙头　　　　D．混合水龙头

99. 图例符号表示（　　）。
   A．皮带水龙头　　　　　　　　　　　　B．洗衣机水龙头
   C．化验龙头　　　　　　　　　　　　　D．浴盆带喷头混合水龙头

100. 平面⊙　系统 图例符号表示（　　）。
   A．湿式报警阀　　　　　　　　　　　　B．预作用式报警阀
   C．干式报警阀　　　　　　　　　　　　D．雨淋阀

101. ━▷◁━ 图例符号表示（　　）。
   A．遥控信号阀　　　B．肘式闸阀　　　　C．肘式截止阀　　　D．手动闸阀

102. 图例符号表示（　　）。
   A．盥洗槽　　　　　　　　　　　　　　B．带沥水板的洗涤盆
   C．小便槽　　　　　　　　　　　　　　D．污水盆

103. 图例符号表示（　　）。
   A．盥洗槽　　　　　　　　　　　　　　B．带沥水板的洗涤盆
   C．小便槽　　　　　　　　　　　　　　D．污水盆

104. 图例符号表示（　　）。
   A．台式洗脸盆　　　　　　　　　　　　B．挂式洗脸盆

C. 立式洗脸盆　　　　　　　　　　　　　　D. 洗脸盆

105. ⬚ 图例符号表示（　　　）。

A. 台式洗脸盆　　　　　　　　　　　　　B. 挂式洗脸盆
C. 立式洗脸盆　　　　　　　　　　　　　D. 洗脸盆

106. 下面排水系统图 A、B 点的距离为 6m，排水管道坡度为 0.004，则若板底无梁，楼板的厚度为 0.15m，则 A 点的标高可取为（　　　）。

A. $h-0.40$　　　B. $h-0.60$　　　C. $h-0.30$　　　D. $h+0.40$

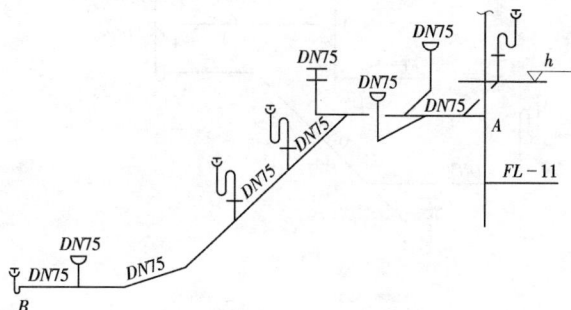

107. 下面排水系统图 A、B 点的距离为 8m，排水管道坡度为 0.005，则若 B 点前现浇楼板处有 500 的梁，楼板的厚度为 0.15m，则 A 点的标高可取为（　　　）。

A. $h-0.65$　　　B. $h-0.35$　　　C. $h-0.60$　　　D. $h+0.40$

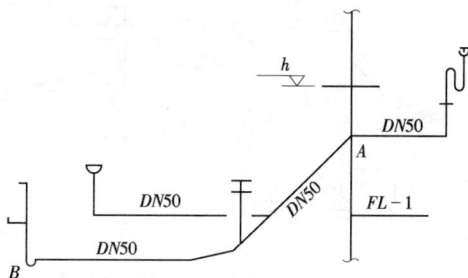

108. 下面排水系统图 A、B 点的距离为 4m，排水管道坡度为 0.006，则若板底无梁，楼板的厚度为 0.2m，则 A 点的标高可取为（　　　）。

A. $h-0.43$　　　B. $h-0.45$　　　C. $h-0.35$　　　D. $h+0.40$

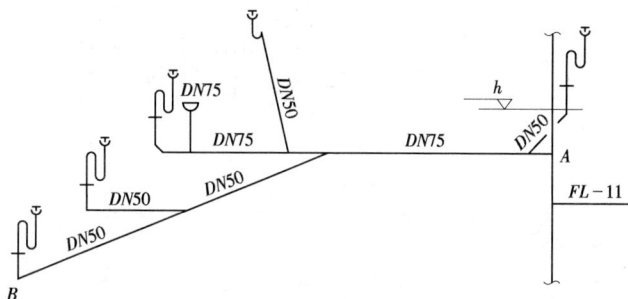

109. 下面排水系统图 A、B 点的距离为 5m，排水管道坡度为 0.006，则若 B 点前现浇楼板处有 400 的梁，则 A 点的标高可取为（　　）。

    A．$h-0.45$　　　　B．$h-0.40$　　　　C．$h-0.35$　　　　D．$h-0.50$

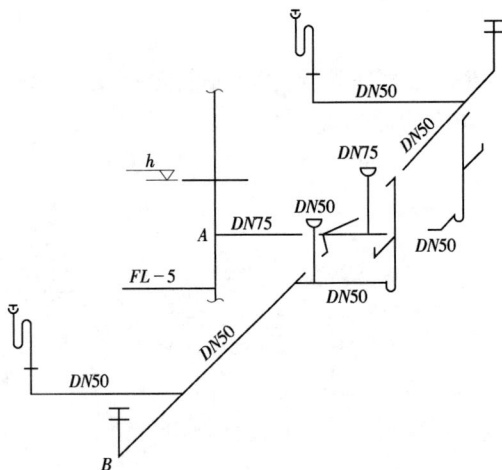

110. 下面排水系统图 A、B 点的距离为 7m，排水管道坡度为 0.01，则若板底无梁，楼板的厚度为 0.15m，则 A 点的标高可取为（　　）。

    A．$h-0.45$　　　　B．$h-0.60$　　　　C．$h-0.35$　　　　D．$h+0.40$

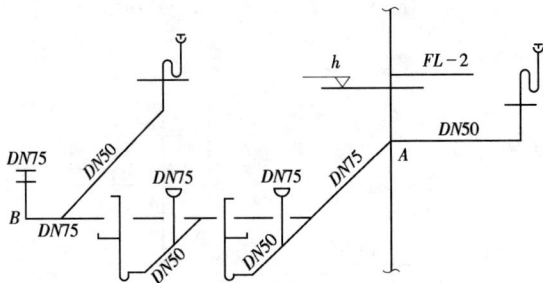

111. 下面排水系统图 A、B 点的距离为 7m，排水管道坡度为 0.008，则若 B 点前现浇楼板处有 300 的梁，则 A 点的标高可取为（　　）。

    A．$h-0.40$　　　　B．$h-0.45$　　　　C．$h-0.30$　　　　D．$h+0.40$

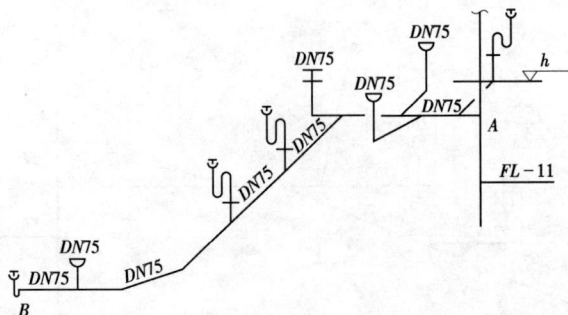

112. 下面排水系统图 A、B 点的距离为 5m，排水管道坡度为 0.01，则若板底无梁，楼板的厚度为 0.2m，则 A 点的标高可取为（　　）。

　　A. $h-0.45$　　　　B. $h-0.35$　　　　C. $h-0.40$　　　　D. $h+0.40$

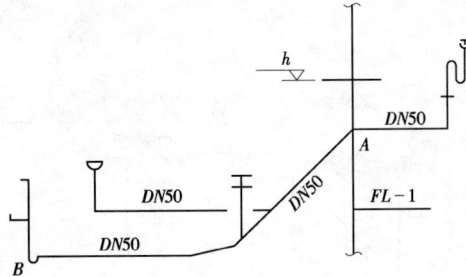

113. 下面排水系统图 A、B 点的距离为 6m，排水管道坡度为 0.008，则若 B 点前现浇楼板处有 500 的梁，则 A 点的标高可取为（　　）。

　　A. $h-0.43$　　　　B. $h-0.45$　　　　C. $h-0.60$　　　　D. $h+0.40$

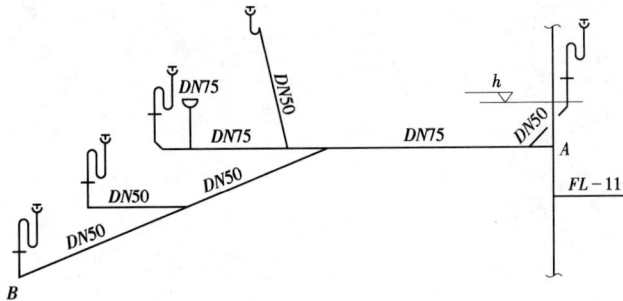

114. 下面排水系统图 A、B 点的距离为 5m，排水管道坡度为 0.01，则若板底无梁，楼板的厚度为 0.2m，则 A 点的标高可取为（　　）。

　　A. $h-0.45$　　　　B. $h-0.40$　　　　C. $h-0.35$　　　　D. $h-0.45$

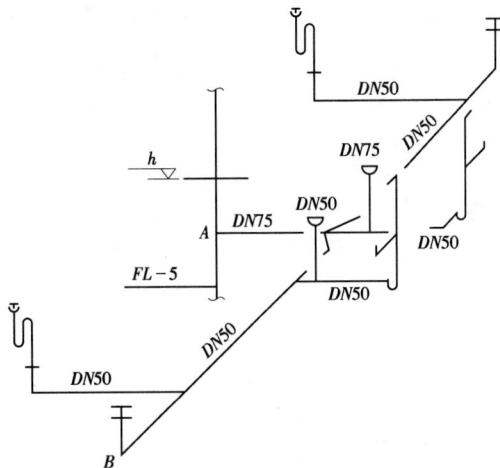

115. 下面排水系统图 A、B 点的距离为 5m，排水管道坡度为 0.01，则若 B 点前现浇楼板处有 400 的梁，则 A 点的标高可取为（　　）。

A. $h-0.55$ B. $h-0.60$ C. $h-0.35$ D. $h+0.40$

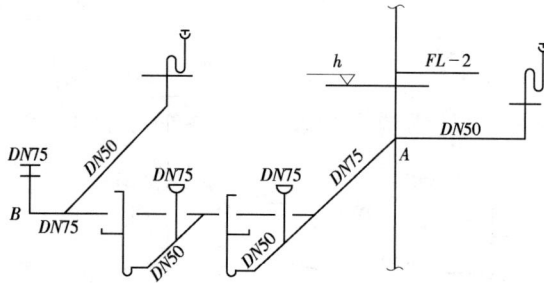

第四章 供暖通风与空调

1. 冬季通风室外计算温度通常都（ ）供暖室外计算温度。
   A. 不高于 　　　　 B. 高于 　　　　 C. 不低于 　　　　 D. 低于

2. 以下哪个与膨胀水箱连接的管路要设阀门？（ ）
   A. 膨胀管 　　　 B. 循环管 　　　 C. 信号管 　　　 D. 溢流管

3. 供气的表压力高于（ ）称为高压蒸汽供暖。
   A. 70kPa 　　　 B. 80kPa 　　　 C. 90kPa 　　　 D. 100kPa

4. 以下（ ）方式，可适当地降低运行时的动水压曲线。
   A. 高位水箱定压
   B. 补给水泵连续补水定压
   C. 补给水泵间歇补水定压
   D. 补给水泵补水定压点设在旁通管处的定压方式

5. 蒸汽供热系统的凝结水回收系统，如果采用余压回水，则凝结水的流动形式为（ ）。
   A. 单相凝水满管流 　　　　　　　　 B. 单相非满管流
   C. 两相流 　　　　　　　　　　　　 D. 以上 3 种均有可能

6. 热力网管道的连接应采用（ ）。
   A. 焊接 　　　 B. 法兰连接 　　　 C. 螺纹连接 　　　 D. 承插连接

7. 热水锅炉，补给水泵的流量，应根据热水系统正常补水量和事故补水量确定，并宜为正常补水量的（ ）。
   A. 2～3 倍 　　　 B. 3～4 倍 　　　 C. 4～5 倍 　　　 D. 5～6 倍

8. 锅炉房内油箱的总容量，重油不应超过（ ）。
   A. $1m^3$ 　　　 B. $2m^3$ 　　　 C. $4m^3$ 　　　 D. $5m^3$

9. 自然循环的锅炉的水循环故障不包括（ ）。
   A. 循环的停滞和倒流 　　　　　　　 B. 循环倍率过小
   C. 汽水分层 　　　　　　　　　　　 D. 下降管带汽

10. 锅炉的排污是要排除（ ）。
    A. 给水中的盐分杂质 　　　　　　　 B. 给水中的碱类物质
    C. 锅水中的水垢 　　　　　　　　　 D. 锅炉水中的水渣和盐分

11. 已知两并联管段的阻力数为 $50Pa/(m^3/h)^2$、$2.732Pa/(m^3/h)^2$，若总流量为 $437.7m^3/h$，则阻力数为 $50Pa/(m^3/h)^2$ 的管段的流量为（ ）。

A．102m³/h   B．204m³/h   C．335.7m³/h   D．61m³/h

12. 设有一室内低压蒸汽供暖系统，最不利管路长度为 100m，经计算得锅炉运行表压力为（   ）。

A．10kPa   B．12kPa   C．8kPa   D．14kPa

13. 确定围护结构最小传热阻的步骤是（   ）。

①确定该围护结构的类型；②确定该围护结构的热惰性指标；③计算冬季围护结构室外计算温度；④计算围护结构的最小传热阻

A．①②③④   B．②①③④   C．③①②④   D．①③②④

14. 已知室内温度 20℃，辐射板面温度 30℃，辐射板散热量 115W/m²，加热管上部覆盖层为：60mm 豆石混凝土，20mm 水泥砂浆找平层，其平均导热系数 $\lambda=1.2W/（m^2 \cdot ℃）$，初步确定加热管间距 $A=200mm$，则加热管内热水平均温度为（   ）。

A．39.6℃   B．43.3℃   C．49.2℃   D．56.7℃

15. 设有火灾自动报警系统的一类高层建筑，每个防火分区建筑面积不应超过（   ）。

A．1000m²   B．1500m²   C．2000m²   D．3000m²

16. 通风、空气调节系统，横向应按（   ）设置。

A．每个楼层   B．每个功能区   C．每个防烟分区   D．每个防火分区

17. 可燃气体中甲类火险物质指的是（   ）。

A．气体的爆炸上限小于60%   B．气体的爆炸上限不小于60%
C．气体的爆炸下限小于10%   D．气体的爆炸下限不小于10%

18. 夏季自然通风用的进风口，其下缘距室内地面的高度，不应（   ）。

A．大于 1.2m   B．小于 1.2m   C．大于 2.0m   D．小于 2.0m

19. 用于排除余热、余湿和有害气体时（含氢气时除外），且当建筑物全面排风系统的吸风口位于房间上部区域时，吸风口上缘至顶棚平面或屋顶的距离（   ）。

A．不小于 0.2m   B．不小于 0.4m   C．不大于 0.2m   D．不大于 0.4m

20. 机械送风系统进风口的下缘距室外地坪不宜（   ）。

A．大于 4m   B．小于 4m   C．大于 2m   D．小于 2m

21. 前室的加压送风口宜（   ）设一个加压送风口。

A．每层   B．每隔 1～2 层   C．每隔 2～3 层   D．每隔 3 层

22. 面积超过（   ）的地下汽车库应设置机械排烟系统。

A．500m²   B．1000m²   C．2000m²   D．4000m²

23. 排烟风机应保证在 280℃时能连续工作（   ）。

A．10min   B．30min   C．1h   D．2h

24. 能同时进行除尘和气体吸收的除尘器有（   ）。

A．袋式除尘器　　　B．旋风除尘器　　　C．电除尘器　　　D．湿式除尘器

25．某办公室的体积 170m³，利用自然通风系统换气 2 次/h，室内无人时，空气中 CO_2 含量与室外相同，均为 0.05%，工作人员每人呼出的 CO_2 量为 19.8g/h，要求工作人员进入房间后的第一小时，空气中 CO_2 含量不超过 0.1%，则室内最多容纳人数为（　　）。
　　A．16 人　　　　B．19 人　　　　C．25 人　　　　D．28 人

26．设人体 CO_2 的发生量为 0.0144m³/（h·人），室外空气中 CO_2 的含量为 0.03%，室内空气中 CO_2 的允许浓度为 0.1%，室内空气中初始 CO_2 浓度为 0，如果采用全面通风来稀释室内 CO_2 使其达到允许浓度，则所必需的新风量为（　　）。
　　A．8.5m³/（h·人）　　　　　　　　B．10.3m³/（h·人）
　　C．20.6m³/（h·人）　　　　　　　　D．24.7m³/（h·人）

27．有一两级除尘系统，系统风量为 2.22m³/s，工艺设备产尘量为 22.2g/s，除尘器的除尘效率分别为 80% 和 95%，计算该系统的总效率为（　　）。
　　A．85%　　　　B．87.5%　　　　C．91%　　　　D．99%

28．有一两级除尘系统，第一级为旋风除尘器，第二级为电除尘器，处理一般的工业粉尘。已知起始的含尘浓度为 15g/m³，旋风除尘器效率为 85%，为了达到排放标准 100mg/m³，电除尘器的效率最少应是（　　）。
　　A．90.1%　　　　B．93.3%　　　　C．95.6%　　　　D．98.2%

29．空调工程中处理空气时，实现等焓减湿过程的技术措施是（　　）。
　　A．用固体吸湿剂对空气进行干燥处理　　　B．用喷水室喷冷水对空气进行干燥处理
　　C．用表面冷却器对空气进行干燥处理　　　D．用冷冻除湿法对空气进行干燥处理

30．舒适性空调，空调区与室外的压差值宜取（　　）。
　　A．5～10Pa　　　B．10～20Pa　　　C．30～40Pa　　　D．50Pa

31．当空气冷却器迎风面的质量流速大于（　　）时，应在空气冷却器后设置挡水板。
　　A．3.5m/s　　　B．3.0m/s　　　C．2.5m/s　　　D．2.0m/s

32．工艺性空调系统，当室内温度要求控制的允许波动范围（　　）时，送风末端精调加热器宜采用电加热器。
　　A．小于±1.0℃　　　B．小于±0.5℃　　　C．小于±0.2℃　　　D．小于±0.1℃

33．按设计规范下列（　　）不属于空调系统监测的参数。
　　A．空调室内温度　　　　　　　　　　B．空气过滤器进出口静压差的超限报警
　　C．风机的启停状态　　　　　　　　　D．空气冷却器的迎面风速

34．变风量空调系统的空气处理机组送风温度设定值，应按（　　）。
　　A．夏季工况确定　　　　　　　　　　B．冷却和加热工况分别确定
　　C．机组的制冷量确定　　　　　　　　D．系统风量的变化情况确定

35. 自然通风的特点是（   ）。
    A．依靠风压、热压，不使用机械动力   B．依靠建筑物天窗
    C．没有气流组织   D．没有风机、风管

36. 辐射供冷的冷却顶板，在实际设计中其供水温度多采用（   ）。
    A．7℃   B．12℃   C．16℃   D．20℃

37. 设有集中采暖和机械排风的建筑物，在设置机械送风系统时（   ）。
    A．应将室外空气直接送入室内   B．应进行热平衡计算
    C．应进行风平衡计算   D．应进行热、风平衡计算

38. 某地 14 时的水平面太阳辐射总照度为 900W/m^2，14 时的室外空气计算温度为 34℃，屋顶外表面吸收系数为 0.9，屋顶外表面对流换热系数为 20W/（m^2·℃），则该屋顶 14 时的综合温度为（   ）。
    A．50℃   B．60℃   C．70℃   D．80℃

39. 同时放散有害物质、余热和余温的生产车间，其全面通风系统风量应按（   ）。
    A．排除有害物质所需风量计算
    B．排除余热和余湿所需风量计算
    C．排除有害物质、余热和余湿所需风量之和计算
    D．排除有害物质、余热、余温中所需风量最大者计算

40. 今有一个全空气一次回风空调系统，服务 4 个空调房间，经按最小新风量计算方法计算后得出 4 个房间的最小新风比分别为：12%、16%、18%、20%，则设计该空调系统时最小新风比应取（   ）。
    A．12%   B．16.5%   C．20%   D．30%

41. 对于室内空气有洁净要求的房间，为保持室内正压选（   ）是正确的。
    A．自然进风量与机械进风量之和等于自然排风量与机械排风量之和
    B．机械进风量大于机械排风量
    C．机械进风量大于机械排风量与自然排风量之和
    D．自然进风量与机械进风量之和小于自然排风量与机械排风量之和

42. 观测得表冷器进口空气干球温度 28℃，湿球温度 22.1℃，出口干球温度 20℃，湿球温度 18.8℃，通过表冷器的风量为 10800kg/h，则该表冷器的冷量为（   ）。
    A．25kW   B．30kW   C．35kW   D．40kW

43. 理想制冷循环是由相互交替的（   ）组成的制冷循环。
    A．两个等温过程和两个绝热过程   B．两个等压过程和两个等焓过程
    C．两个等焓过程和两个等温过程   D．两个等压过程和两个等温过程

44. 下列技术措施中（   ）是改进理论制冷循环、减少节流损失、保证实现干压缩的技术措施。

A．采用热力膨胀阀　　　　　　　　　B．采用电子膨胀阀
C．采用蒸汽回热循环　　　　　　　　D．采用较高的蒸发温度

45．氨双级压缩制冷循环常采用（　　）。
A．一次节流不完全中间冷却措施　　　B．一次节流完全中间冷却措施
C．单独节流的中间冷却器措施　　　　D．加大冷却水流量的措施

46．压缩机的容积效率随排气压力的升高而＿＿，随吸气压力的降低而＿＿。（　　）
A．增大；减小　　　B．减小；增大　　　C．增大；增大　　　D．减小；减小

47．多级压缩制冷循环设节能器可提高性能系数，下列（　　）不是设节能器的优点。
A．减少压缩过程的过热损失和节流损失
B．获取较低的蒸发温度
C．减少制冷剂的循环流量
D．减小噪声和振动，延长压缩机寿命

48．在其他条件不变的情况下，当制冷系统的蒸发温度升高时，制冷机的制冷量会（　　）。
A．增大
B．减小
C．不变
D．因制冷剂不同而可能增大也可能减小

49．若将不同机型的冷水机组按其排热量与制冷量的比值从小到大排序，下列（　　）是正确的。
A．离心式、螺杆式、往复活塞式、溴化锂吸收式
B．往复活塞式、溴化锂吸收式、离心式、螺杆式
C．螺杆式、往复活塞式、溴化锂吸收式、离心式
D．离心式、往复活塞式、螺杆式、溴化锂吸收式

50．逆流式低噪声型玻璃钢冷却塔标准点处的噪声值小于（　　）。
A．70dB　　　　　B．66dB　　　　　C．60dB　　　　　D．55dB

51．保冷材料特别强调材料的湿阻因子 μ，其定义是（　　）。
A．空气的水蒸汽扩散系数 D 与材料的透湿系数 δ 之比
B．材料的透湿系数 δ 与空气的水蒸汽扩散系数 D 之比
C．空气的水蒸汽扩散系数 D 与材料的透湿系数 λ 之比
D．材料的透湿系数 λ 与空气的水蒸汽扩散系数 D 之比

52．某空调冷水系统管路沿程总阻力 150kPa，系统局部阻力总和为 200kPa，冷水机组蒸发器水侧阻力 80kPa，装配室空调器内水冷表冷器 50kPa，若考虑 10% 的安全系数，则该冷水系统水泵扬程应为（　　）。
A．53mH$_2$O　　　B．45mH$_2$O　　　C．60mH$_2$O　　　D．36mH$_2$O

53．洁净厂房最大频率风向上侧有烟囱时，洁净厂房与烟囱之间的水平距离不宜小于烟囱高度的（　　）。
A．10 倍　　　　　B．12 倍　　　　　C．1.2 倍　　　　　D．1.5 倍

54. 空气洁净度所要控制的对象是（　　　）。

A. 空气中最大控制微粒直径

B. 空气中的微粒数量

C. 空气中最小控制微粒直径和微粒数量

D. 空气中最小控制微粒直径

55. 当洁净室采用非单向流时，其空气洁净度最高只能达到（　　　）。

A. 6 级　　　　　B. 5 级　　　　　C. 4 级　　　　　D. 7 级

56. 对洁净室而言，不同的气流流型适应不同的洁净级别，下列（　　　）说法正确。

A. 非单向流洁净室通常适用 5 级以下[《洁净厂房设计规范》（GB 50073—2013）]

B. 单向流洁净室通常适用 5 级以上[《洁净厂房设计规范》（GB 50073—2013）]

C. 辐流洁净室的适应洁净级别低于非单向流洁净

D. 辐流洁净室的能耗高于单向流洁净室

57. 洁净室的空气洁净度等级要求为 1～4 级时，可采用的气流流型为（　　　）。

A. 水平单向流　　　B. 垂直单向流　　　C. 非单向流　　　D. 辐射流

58. 洁净室内的新鲜空气量应保证供给洁净室内每人每小时的新鲜空气量不小于（　　　）。

A. $40m^3/$（h·人）　　　　　　　　B. $30m^3/$（h·人）

C. $25m^3/$（h·人）　　　　　　　　D. $35m^3/$（h·人）

59. 净化空调系统的新风管段设置阀门的要求是（　　　）。

A. 不需设置电动密闭阀　　　　　　B. 设置电动阀

C. 设置电动密闭阀或调节阀　　　　D. 设置电动密闭阀和调节阀

60. 下列用于调节洁净室内的正压值的合适阀门是（　　　）。

A. 新风管上的调节阀　　　　　　　B. 送风支管上的调节阀

C. 回风支管上的调节阀　　　　　　D. 回风总管上的调节阀

61. 空气洁净技术中的超微粒子指具有当量直径小于（　　　）的颗粒。

A. $0.1\mu m$　　　B. $0.2\mu m$　　　C. $0.3\mu m$　　　D. $0.5\mu m$

62. 洁净度等级为 4 级要求，粒径为 $1.0\mu m$ 的粒子最大允许浓度为（　　　）。

A. 8　　　　　B. 83　　　　　C. 832　　　　　D. 83250

63. 设洁净室需送入 $9000m^3/h$ 的风量，室内需新风量占送风量的 10%，总漏风率为 0.1，则系统新风量为（　　　）。

A. $900m^3/h$　　　B. $10000m^3/h$　　　C. $1900m^3/h$　　　D. $8100m^3/h$

64. 某洁净室经计算为保证空气洁净度等级的送风量为 $11000m^3/h$，根据热、湿负荷计算确定的送风量为 $10000m^3/h$，补偿室内排风量和保持室内正压值所需新鲜空气量之和为 $13000m^3/h$，保证供给洁净室内人员的新鲜空气量为 $9000m^3/h$，则洁净室内的送风量为（　　　）。

A. 21000m³/h   B. 13000m³/h   C. 22000m³/h   D. 11000m³/h

65. 集中采暖系统不包括（   ）。
    A. 散热器采暖   B. 热风采暖   C. 辐射采暖   D. 通风采暖

66. 在民用建筑的集中采暖系统中应采用（   ）作为热媒。
    A. 高压蒸汽   B. 低压蒸汽
    C. 150～90℃热水   D. 95～70℃热水

67. 当热媒为蒸汽时，宜采用下列哪种采暖系统?（   ）
    A. 水平单管串联系统   B. 上行下给式单管系统
    C. 上行下给式双管系统   D. 下供下回式双管系统

68. 计算低温热水地板辐射采暖的热负荷时，将室内温度取值降低2℃，是因为（   ）。
    A. 低温热水地板辐射采暖用于全面采暖时，在相同热舒适条件下的室内温度可比对流采暖时的室内温度低2～3℃
    B. 地板辐射采暖效率高
    C. 地板辐射采暖散热面积大
    D. 地板辐射采暖水温低

69. 散热器不应设置在（   ）。
    A. 外墙窗下   B. 两道外门之间   C. 楼梯间   D. 走道端头

70. 散热器表面涂料为（   ）时，散热效果最差。
    A. 银粉色漆   B. 白色漆   C. 乳白色漆   D. 浅蓝色漆

71. 与铸铁散热器比较，钢制散热器用于高层建筑采暖系统中，在（   ）方面占有绝对优势。
    A. 美观   B. 耐腐蚀   C. 容水量   D. 承压

72. 采暖管道设坡度主要是为了（   ）。
    A. 便于施工   B. 便于排气   C. 便于放烟   D. 便于修理

73. 采暖管道必须穿过防火墙时，应采取（   ）措施。
    A. 固定、封堵   B. 绝缘   C. 保温   D. 加套管

74. 采暖管道位于（   ）时，不应保温。
    A. 地沟内   B. 采暖的房间   C. 管道井   D. 技术夹层

75. 热水采暖系统膨胀水箱的作用是（   ）。
    A. 加压   B. 减压   C. 定压   D. 增压

76. 与蒸汽采暖比较，（   ）是热水采暖系统明显的优点。
    A. 室温波动小   B. 散热器美观   C. 便于施工   D. 不漏水

77. 民用建筑主要房间的采暖温度应采用（   ）。

A. 16～20℃　　　　B. 14～22℃　　　　C. 18～20℃　　　　D. 16～24℃

78. 托儿所、幼儿园采暖温度不应低于（　　　）。
    A. 16℃　　　　　B. 18℃　　　　　C. 20℃　　　　　D. 23℃

79. 民用建筑集中采暖系统的热媒（　　　）。
    A. 应采用热水　　B. 宜采用热水　　C. 宜采用天然气　D. 热水、蒸汽均可

80. 采暖立管穿楼板时应采取哪项措施?（　　　）
    A. 加套管　　　　B. 采用软接　　　C. 保温加厚　　　D. 不加保温

81. 采用国际单位制，热量、冷量的单位为（　　　）。
    A. W（瓦）　　　　　　　　　　　　　B. kcal/h（千卡/时）
    C. Pa（帕斯卡）　　　　　　　　　　D. m³/h（立方米/时）

82. 当热水集中采暖系统分户热计量装置采用热量表时，系统的共用立管和入户装置，宜设在管道井内，管道井宜设在（　　　）。
    A. 邻楼梯间或户外公共空间　　　　　B. 邻户内主要房间
    C. 邻户内卫生间　　　　　　　　　　D. 邻户内厨房

83. 从节能角度，采暖建筑的朝向宜为（　　　）。
    A. 东西向　　　　B. 南北向　　　　C. 任意方向　　　D. 西南东北向

84. 从节能角度讲，采暖建筑主要房间应布置在（　　　）。
    A. 下风侧　　　　B. 上风侧　　　　C. 向阳面　　　　D. 底层

85. 采暖建筑外窗的层数与下列哪个因素无关?（　　　）
    A. 室外温度　　　B. 室内外温度差　C. 朝向　　　　　D. 墙体材料

86. 设置全面采暖的建筑物，开窗面积的原则应是（　　　）。
    A. 为了照顾建筑物立面美观，尽量加大开窗面积
    B. 为了室内有充足的自然光线，尽量加大开窗面积
    C. 在满足采光的要求下，开窗面积尽量减小
    D. 为了节能在满足通风换气条件，开窗面积尽量减小

87. 新建住宅热水集中采暖系统应（　　　）。
    A. 设置分户热计量和室温控制装置　　B. 设置集中热计量
    C. 设置室温控制装置　　　　　　　　D. 设置分户热计量

88. 解决室外热网水力不平衡现象的最有效方法是在各建筑物进口处的供热总管上装设（　　　）。
    A. 闸阀　　　　　B. 平衡阀　　　　C. 截止阀　　　　D. 电磁阀

89. 采暖热水锅炉补水应使用（　　　）。
    A. 硬水　　　　　　　　　　　　　　B. 处理过的水
    C. 不管水质情况如何都不需处理　　　D. 自来水

90. 燃煤锅炉房位置选择下列哪项不合适？（　　）
　　A．热负荷集中　　　　　　　　　　B．重要建筑物下风侧
　　C．与重要建筑物相连接　　　　　　D．燃料运输方便

91. 锅炉房通向室外的门应（　　）开启。
　　A．向外　　　　　　　　　　　　　B．向内
　　C．向内、向外均可　　　　　　　　D．无规定

92. 锅炉间外墙的开窗面积，应满足（　　）。
　　A．采光、通风的要求　　　　　　　B．采光、通风、泄压的要求
　　C．通风、泄压的要求　　　　　　　D．采光、泄压的要求

93. 集中供热的公共建筑，生产厂房及辅助建筑物等，可用的热媒是（　　）。
　　A．低温热水、高温热水、高压蒸汽　B．低温热水、低压蒸汽、高压蒸汽
　　C．低温热水、高温热水、低压蒸汽　D．高温热水、高压蒸汽、低压蒸汽

94. 在高温热水采暖系统中，供水的温度是（　　）。
　　A．100℃　　　　B．110℃　　　　C．95℃　　　　D．150℃

95. 集中供热的民用建筑，如居住、办公医疗、托幼、旅馆等可选择的热媒是（　　）。
　　A．低温热水、高压蒸汽　　　　　　B．110℃以上的高温热水、低压蒸汽
　　C．低温热水、低压蒸汽、高压蒸汽　D．低温热水

96. 作为供热系统的热媒，（　　）是不对的。
　　A．热水　　　　B．热风　　　　C．电热　　　　D．蒸汽

97. 在低温热水采暖系统中，顶层干管敷设时，为了系统排气，一般采用（　　）的坡度。
　　A．0.02　　　　B．0.001　　　　C．0.01　　　　D．0.003

98. 试问在下述有关机械循环热水供暖系统的表述中，（　　）是错误的。
　　A．供水干管应按水流方向有向上的坡度
　　B．集气罐设置在系统的最高点
　　C．使用膨胀水箱来容纳水受热后所膨胀的体积
　　D．循环水泵装设在锅炉入口前的回水干管上

99. 以下这些附件中，（　　）不用于蒸汽供热系统。
　　A．减压阀　　　B．安全阀　　　C．膨胀水箱　　　D．疏水器

100. 以下这些附件中，（　　）不用于热水供热系统。
　　A．疏水器　　　B．膨胀水箱　　　C．集气罐　　　D．除污器

101. 异程式采暖系统的优点在于（　　）。
　　A．易于平衡　　B．节省管材　　C．易于调节　　D．防止近热远冷现象

102. 高压蒸汽采暖系统中，减压阀的作用是使（　　）。

A. 阀前压力增大，阀后压力也增大　　　B. 阀前压力增大，阀后压力减小

C. 阀前压力增大，阀后压力不变　　　　D. 阀前压力不变，阀后压力减小

103. 热媒为蒸汽时，铸铁柱型和长翼型散热器的工作压力不应大于 200kPa，是考虑到（　　）。

A. 铸铁强度不够　　　　　　　　　　B. 防止表面湿度过高

C. 降低散热器成本　　　　　　　　　　D. 以上都不对

104. 城市集中热水供暖系统的输送距离一般不宜超过（　　）。

A. 4km　　　　　B. 6km　　　　　C. 10km　　　　　D. 12km

105. 集中供热系统是由（　　）。

A. 热源与用户组成　　　　　　　　　B. 热源与管网组成

C. 热源、管网和用户组成　　　　　　D. 管网和用户组成

106. 间接连接热网中，热电厂和区域锅炉房与用户连接主要靠（　　）。

A. 阀门　　　　　B. 水泵　　　　　C. 水喷射器　　　　D. 热交换器

107. 锅炉房的大小是由锅炉房设计容量确定的，而容量决定于（　　）。

A. 采暖总面积　　　　　　　　　　　B. 采暖总人数

C. 冬季平均温度　　　　　　　　　　D. 热负荷大小

108. 热水采暖自然循环中，通过（　　）可排出系统的空气。

A. 膨胀水箱　　　　B. 集气罐　　　　C. 自动排气阀　　　D. 手动排气阀

109. 低温热水采暖系统的供水温度为____，回水温度为____。（　　）

A. 100℃；75℃　　B. 95℃；75℃　　C. 100℃；70℃　　D. 95℃；70℃

110. 热水采暖系统中存有空气未能排除，引起气塞，会产生（　　）。

A. 系统回水温度过低　　　　　　　　B. 局部散热器不热

C. 热力失调现象　　　　　　　　　　D. 系统无法运行

111. 旅馆客房宜采用哪种空调方式?（　　）

A. 风机盘管加新风　　　　　　　　　B. 全新风

C. 全空气　　　　　　　　　　　　　D. 风机盘管

112. 空调系统不控制房间的下列哪个参数?（　　）

A. 温度　　　　　B. 湿度　　　　　C. 气流速度　　　　D. 发热量

113. 现代体育馆建筑设备宜具备（　　）。

A. 采暖　　　　　B. 通风　　　　　C. 空调　　　　　D. 采暖、通风、空调

114. 空调风管穿过空调机房围护结构处，其孔洞四周的缝隙应填充密实。原因是（　　）。

A. 防止漏风　　　B. 避免温降　　　C. 隔绝噪声　　　D. 减少振动

115. 空调机房位置选择下列哪项不合适?（　　）

A. 冷负荷集中   B. 周围对噪声振动要求高
C. 进风排风方便   D. 维修方便

116. 剧场观众厅空调系统宜采用哪种方式?（   ）
    A. 风机盘管加新风   B. 全新风
    C. 全空气   D. 风机盘管

117. 舒适性空调冬季室内温度应采用（   ）。
    A. 16~18℃   B. 18~22℃   C. 20~24℃   D. 24~28℃

118. 舒适性空调夏季室内温度应采用（   ）。
    A. 18~22℃   B. 20~26℃   C. 24~28℃   D. 26~30℃

119. 高级饭店厨房的通风方式宜为（   ）。
    A. 自然通风   B. 机械通风   C. 不通风   D. 机械送风

120. 可能突然放散大量有害气体或爆炸危险气体的房间通风方式应为（   ）。
    A. 平时排风   B. 事故排风   C. 值班排风   D. 自然排风

121. 房间小、多且需单独调节时，宜采用何种空调系统?（   ）
    A. 风机盘管加新风   B. 风机盘管
    C. 全空气   D. 分体空调加通风

122. 风机盘管加新风空调系统的优点是（   ）。
    A. 单独控制   B. 美观   C. 安装方便   D. 寿命长

123. 写字楼、宾馆空调是（   ）。
    A. 舒适性空调   B. 恒温恒湿空调
    C. 净化空调   D. 工艺性空调

124. 手术室净化空调室内应保持（   ）。
    A. 正压   B. 负压   C. 常压   D. 无压

125. 压缩式制冷机由下列哪组设备组成?（   ）
    A. 压缩机、蒸发器、冷却泵、膨胀阀
    B. 压缩机、冷凝器、冷却塔、膨胀阀
    C. 冷凝器、蒸发器、冷冻泵、膨胀阀
    D. 压缩机、冷凝器、蒸发器、膨胀阀

126. 散热器是采暖系统的重要组成部分，技术经济方面对散热器有一定要求，下列对散热器的要求错误的是（   ）。
    A. 利用较多的金属耗材   B. 有较高的传热系数
    C. 有较高的机械强度   D. 表面光滑，不易沉积灰尘

127. 下述有关冷却塔的记述中，正确的是（   ）。

A．是设在屋顶上，用以储存冷却水的罐

B．净化被污染的空气和脱臭的装置

C．将冷冻机的冷却水所带来的热量向空中散发的装置

D．使用冷媒以冷却空气的装置

128．为保证车间有足够的通风量，通常在进行自然通风开口面积计算时，应考虑（　　）。

A．风压　　　　　B．热压　　　　　C．气压　　　　　D．风压和热压

129．公共厨房、卫生间通风应保持（　　）。

A．正压　　　　　B．负压　　　　　C．常压　　　　　D．无压

130．设计事故排风时，在外墙或外窗上设置（　　）最适宜。

A．离心式通风机　　　　　　　　B．混流式通风机

C．斜流式通风机　　　　　　　　D．轴流式通风机

131．机械送风系统的室外进风装置应设在室外空气比较洁净的地点，进风口的底部距室外地坪不宜小于（　　）。

A．3m　　　　　B．2m　　　　　C．1m　　　　　D．0.5m

132．室外新风进风口下部距室外绿化地坪不宜低于（　　）。

A．1m　　　　　B．2m　　　　　C．2.5m　　　　　D．0.5m

133．机械排烟管道材料必须采用（　　）。

A．不燃材料　　　　　　　　　　B．难燃材料

C．可燃材料　　　　　　　　　　D．A、B两类材料均可

134．在通风管道中能防止烟气扩散的设施是（　　）。

A．防火卷帘　　　B．防火阀　　　C．排烟阀　　　D．空气幕

135．高层民用建筑通风空调风管，在（　　）可不设防火阀。

A．穿越防火分区处

B．穿越通风、空调机房及重要的火灾危险性大的房间隔墙和楼板处

C．水平总管的分支管段上

D．穿越变形缝的两侧

136．垂直风管与每层水平风管交接处的水平管段上设什么阀门为宜（　　）。

A．防火阀　　　　B．平衡阀　　　C．调节阀　　　D．排烟防火阀

137．多层和高层建筑的机械送排风系统的风管横向设置应按什么分区？（　　）

A．防烟分区　　　B．防火分区　　　C．平面功能分区　　　D．沉降缝分区

138．一类高层民用建筑中，（　　）应设置机械排烟设施。

A．不具备自然排烟条件的防烟楼梯间、消防电梯前室或合用前室

B．采用自然排烟设施的防烟楼梯间，其不具备自然排烟条件的前室

C．封闭式避难层

D. 无直接自然通风，且长度超过 20m 的内走道

139. 在排烟支管上要求设置的排烟防火阀起什么作用？（   ）
  A. 烟气温度超过 280℃自动关闭
  B. 烟气温度达 70℃自动开启
  C. 与风机连连，当烟温达 280℃时关闭风机
  D. 与风机连连，当烟温达 70℃时启动风机

140. 高层建筑的防烟设施应分为（   ）。
  A. 机械加压送风的防烟设施
  B. 可开启外窗的自然排烟设施
  C. 包括 A 和 B
  D. 包括 A 和 B 再加上机械排烟

141. 高层民用建筑的排烟口应设在防烟分区的（   ）。
  A. 地面上
  B. 墙面上
  C. 靠近地面的墙面
  D. 靠近顶棚的墙面上或顶棚上

142. 高层民用建筑的下列哪组部位应设防烟设施（   ）。
  A. 防烟梯间及其前室、消防电梯前室和合用前室、封闭避难层
  B. 无直接自然通风且长度超过 20m 的内走道
  C. 面积超过 100m^2，且经常有人停留或可燃物较多的房间
  D. 高层建筑的中庭

143. 下列哪一条全面反映了现代化体育馆的暖通空调专业设计内容？（   ）
  A. 采暖
  B. 通风
  C. 采暖与通风
  D. 采暖、通风与空调

144. 在满足舒适或工艺要求情况下，送风温差应（   ）。
  A. 尽量减小
  B. 量加大
  C. 恒定
  D. 无要求

145. 一般来说，对于锅炉或制冷机而言，设备容量越大，其效率（   ）。
  A. 越小
  B. 越大
  C. 不变
  D. 不一定

146. 房间较多且各房间要求单独控制温度的民用建筑，宜采用（   ）。
  A. 全空气系统
  B. 风机盘管加新风系统
  C. 净化空调系统
  D. 恒温恒湿空调系统

147. 全空调的公共建筑，就全楼而言，其楼内的空气应为（   ）。
  A. 正压
  B. 负压
  C. 0 压（不正也不负）
  D. 部分正压，部分负压

148. 在商场的全空气空调系统中，在夏季、冬季运行中，采用下列哪种措施以有效地控制必要的新风量？（   ）
  A. 固定新风阀
  B. 调节新风、回风比例
  C. 检测室内 CO_2 浓度，控制新风阀
  D. 限定新风阀开度

149. 在空调运行期间，在保证卫生条件基础上哪种新风量调节措施不当？（　　）

    A. 冬季最小新风　　　　　　　　　B. 夏季最小新风

    C. 过渡季最小新风　　　　　　　　D. 过渡季最大新风

150. 某县级医院5层住院楼，只在顶层有两间手术室需设空调，空调采用什么方式为适宜？（　　）

    A. 水冷整体式空调机组　　　　　　B. 风机盘管加新风系统

    C. 分体式空调机加新风系统　　　　D. 风冷式空调机

151. 空调系统的节能运行工况，一年中新风量应如何变化？（　　）

    A. 冬、夏最小，过渡季最大　　　　B. 冬、夏、过渡季最小

    C. 冬、夏最大，过渡季最小　　　　D. 冬、夏、过渡季最大

152. 空调系统空气处理机组的粗过滤器应装在哪个部位？（　　）

    A. 新风段　　　　B. 回风段　　　　C. 新回风混合段　　　　D. 出风段

153. 普通风机盘管，不具备（　　）功能。

    A. 加热　　　　B. 冷却　　　　C. 加湿　　　　D. 去湿

154. 压缩式制冷机房的净高度不宜低于（　　）。

    A. 3.0m　　　　B. 3.6m　　　　C. 4.2m　　　　D. 4.8m

155. 氨制冷机房内严禁用哪种采暖方式？（　　）

    A. 热水集中采暖　　B. 蒸汽采暖　　　C. 热风采暖　　　　D. 火炉采暖

156. 下列哪个房间可不设机械排风？（　　）

    A. 公共卫生间　　　　　　　　　　B. 高层住宅暗卫生间

    C. 旅馆客房卫生间　　　　　　　　D. 多层住宅有外窗的小卫生间

157. 冷却塔位置的选择应考虑的因素，以下哪条是错误的？（　　）

    A. 应通风良好　　　　　　　　　　B. 靠近新风入口

    C. 远离烟囱　　　　　　　　　　　D. 远离厨房排油烟口

158. 制冷机房应尽量靠近冷负荷中心布置，何种制冷机房还应尽量靠近热源？（　　）

    A. 氟利昂压缩式制冷机　　　　　　B. 氨压缩式制冷机

    C. 空气源热泵机组　　　　　　　　D. 溴化锂吸收式制冷机

159. 何种制冷机房不得布置在民用建筑和工业企业辅助建筑物内？（　　）

    A. 溴化锂吸收式制冷机　　　　　　B. 氟利昂活塞式制冷机

    C. 氨压缩式制冷机　　　　　　　　D. 氟利昂离心式制冷机

160. 中央空调系统中无需用冷却塔来冷却冷媒机组的是（　　）。

    A. 直燃机　　　B. 水冷离心机　　　C. 风冷活塞机　　　D. 水冷螺杆机

161. 设置空调的建筑，在夏季使室内气温降低1℃所花费的投资和运行费与冬季使室温升

高1℃所需费用相比（　　　）。

A. 低得多　　　　B. 高得多　　　　C. 差不太多　　　　D. 完全相等

162. 空调房间的计算冷负荷是指（　　　）。

A. 通过围护结构传热形成的冷负荷　　　B. 通过外窗太阳辐射热形成的冷负荷

C. 人或设备等形成的冷负荷　　　D. 上述几项逐时冷负荷的综合最大值

163. 在空气调节系统中，哪种空调系统所需空调机房为最小？（　　　）

A. 全空气定风量系统　　　B. 全空气变风量系统

C. 风机盘管加新风系统　　　D. 整体式空调机系统

164. 影响室内气流组织最主要的是（　　　）。

A. 回风口的位置和形式　　　B. 送风口的位置和形式

C. 房间的温湿度　　　D. 房间的几何尺寸

165. 空调冷源多采用冷水机组，其供回水温度一般为（　　　）。

A. 5～10℃　　　B. 7～12℃　　　C. 10～15℃　　　D. 12～17℃

166. 在高层建筑中，为了减少制冷机组承压，一般采用（　　　）。

A. 冷媒水泵设于机组出水口　　　B. 冷媒水泵设于机组进水口

C. 设减压阀　　　D. 不采取措施

167. 空调机组的新风干管为 800×250，设在内廊吊顶内，要求吊顶与梁底净高不小于（　　　）。

A. 500mm　　　B. 400mm　　　C. 300mm　　　D. 200mm

168. 空调机房的高度一般在（　　　）。

A. 3～4m　　　B. 4～5m　　　C. 4～6m　　　D. >6m

169. 在空调冷负荷估算中，一般写字楼的负荷与舞厅负荷相比，应（　　　）舞厅的负荷。

A. 大于　　　B. 等于　　　C. 小于　　　D. 不一定

170. 通风系统中风道的风速单位常用（　　　）。

A. m/h　　　B. m^2/h　　　C. m^2　　　D. m^3/h

171. 对于层高超过 4m 的建筑物或房间，冬季室内计算温度，计算屋顶的耗热量时，应采用（　　　）。

A. 工作地点的温度　　　B. 屋顶下的温度

C. 室内平均温度　　　D. 天窗处的温度

172. 计算围护结构采暖负荷的室外计算温度，应采用（　　　）。

A. 历年平均不保证 1 天的日平均温度

B. 历年最冷月平均温度

C. 历年平均不保证 5 天的日平均温度

D. 根据围护结构的不同热稳定性指标分别确定

173. 采暖系统的计算压力损失，宜采用（　　）的附加值，以此确定系统必需的循环作用压力。

    A．5%　　　　　　B．8%　　　　　　C．10%　　　　　　D．15%

174. 在防止冬季围护结构内表面结露的下列措施中，哪一种是错误的？（　　）

    A．增加围护结构的传热阻　　　　　　B．增加围护结构内表面的换热阻

    C．降低室内空气的含湿量　　　　　　D．提高室内温度

175. 关于热用户的水力稳定性系数，以下论述中正确的是（　　）。

    A．热用户的水力稳定性系数，为可能达到的最大流量和规定流量的比值

    B．热用户的水力稳定性系数，为规定流量和可能达到的最大流量的比值

    C．热用户的水力稳定性系数，为实际流量与规定流量的比值

    D．热用户的水力稳定性系数，为规定流量与实际流量的比值

176. 相邻房间采暖设计温度不同时，下列哪种情况不需要计算通过隔墙和楼板的传热量？（　　）

    A．温差不小于5℃

    B．温差小于5℃、传热量大于高温失热房间采暖负荷的10%

    C．温差小于5℃、传热量不大于高温失热房间采暖负荷的10%

    D．温差小于5℃、传热量不大于低温得热房间采暖负荷的10%

177. 热力网管道一般为双管，一根将热水或蒸汽送至（　　），另一根流回回水。

    A．用户　　　　　　B．电厂　　　　　　C．医院　　　　　　D．学校

178. 某采暖房间三个朝向有外围护物，计算该房间的热负荷时，应（　　）。

    A．计算所有朝向外窗的冷空气耗热量

    B．计算冷空气渗透较大两个朝向外窗的冷空气耗热量

    C．计算冷空气渗透较大一个朝向外窗的冷空气耗热量

    D．计算冬季较多风向围护结构1/2范围内外窗的冷空气耗热量

179. 空气参数中四度指的是空气的温度、相对湿度、空气流速和洁净度。（　　）

    A．对　　　　　　　　　　　　B．错

180. 空气参数中四度指的是空气的温度、相对湿度、压力、环境噪声。（　　）

    A．对　　　　　　　　　　　　B．错

181. 机械通风是利用通风机所产生的抽力或压力，并借助通风管网进行室内外空气交换的通风方式。（　　）

    A．对　　　　　　　　　　　　B．错

182. 集中式空调系统即是全空气系统，俗称中央空调。（　　）

    A．对　　　　　　　　　　　　B．错

183. 空调冷冻水系统是水冷式制冷冷源机组和冷却塔之间循环管道、水泵、仪表及附

件。（　　）

    A．对　　　　　　　　　　　　　　B．错

184．空调冷却水系统是水冷式制冷冷源机组和冷却塔之间循环管道、水泵、仪表及附件。（　　）

    A．对　　　　　　　　　　　　　　B．错

185．空调凝结水系统是夏季空气处理设备冷却减湿后凝结在滴水盘上的凝结水排放口到排水系统的管道。（　　）

    A．对　　　　　　　　　　　　　　B．错

186．空调风管断面一般采用矩形，材料只能是镀锌钢板。（　　）

    A．对　　　　　　　　　　　　　　B．错

187．空调风道一般布置在吊顶内、建筑的剩余空间、设备层。（　　）

    A．对　　　　　　　　　　　　　　B．错

188．空调风道的布置可不要考虑运行调节和阻力平衡。（　　）

    A．对　　　　　　　　　　　　　　B．错

189．喷水室又称淋水室，是通过向流过的空气直接喷淋大量的水滴，使空气与水滴接触，进行湿热交换。（　　）

    A．对　　　　　　　　　　　　　　B．错

190．空调制冷管路系统中运行的工质称为制冷剂。（　　）

    A．对　　　　　　　　　　　　　　B．错

191．风机盘管分散在各个房间内，所以风机盘管空调系统是一种局部式空调系统。（　　）

    A．对　　　　　　　　　　　　　　B．错

192．常用的冷媒有氨、氟利昂等。（　　）

    A．对　　　　　　　　　　　　　　B．错

193．局部通风的排风量较小，当有害物分布面积较大时，不适用此通风方式。（　　）

    A．对　　　　　　　　　　　　　　B．错

194．燃气溴化锂空调机溴化锂是制冷剂。（　　）

    A．对　　　　　　　　　　　　　　B．错

195．空调中常用的冷媒有空气、冷冻水、盐水。（　　）

    A．对　　　　　　　　　　　　　　B．错

196．自然通风系统中常用的通风换气量单位为 kg/s。（　　）

    A．对　　　　　　　　　　　　　　B．错

197．水只能作载冷剂（冷媒），不能作制冷剂。（　　）

A．对　　　　　　　　　　　　　B．错

198．热泵式空调器就是空调器在冬季能用电加热空气供暖的空调。（　　　）

A．对　　　　　　　　　　　　　B．错

199．舒适性空调夏季温度一般为 22～24℃。（　　　）

A．对　　　　　　　　　　　　　B．错

200．净化空调不仅对温度湿度有要求，对空气含尘量和尘粒大小也具有严格要求。（　　　）

A．对　　　　　　　　　　　　　B．错

201．自然通风的动力是风压和热压。（　　　）

A．对　　　　　　　　　　　　　B．错

202．舒适性空调夏季室内设计相对湿度为 40%～65%。（　　　）

A．对　　　　　　　　　　　　　B．错

203．舒适性空调冬季室内设计相对湿度为 40%～65%。（　　　）

A．对　　　　　　　　　　　　　B．错

204．制冷系统的四大部件为压缩机、冷凝器、蒸发器、膨胀阀。（　　　）

A．对　　　　　　　　　　　　　B．错

205．风机室通风系统中的重要设备，其作用是为通风系统提供空气流动的动力。（　　　）

A．对　　　　　　　　　　　　　B．错

206．对于大型商场，最适用的空调系统为 VRV 系统。（　　　）

A．对　　　　　　　　　　　　　B．错

207．对于宾馆，最适用的为半集中式空调系统。（　　　）

A．对　　　　　　　　　　　　　B．错

208．风道的常用材料有砖、混凝土、破钢板等（　　　）

A．对　　　　　　　　　　　　　B．错

209．人体感到闷热，是因为相对湿度偏大。（　　　）

A．对　　　　　　　　　　　　　B．错

210．风机盘管空调系统属于分散式空气调节系统。（　　　）

A．对　　　　　　　　　　　　　B．错

211．空调系统的水冷式冷水机组一般需配置冷却塔。（　　　）

A．对　　　　　　　　　　　　　B．错

212．集油器是蒸汽压缩式制冷装置的辅助设备。（　　　）

A．对　　　　　　　　　　　　　B．错

213. 氟利昂制冷系统中，热力膨胀阀的作用是节流升压。（　　）

A. 对 　　　　　　　　　　　　　　 B. 错

214. 为宾馆客房楼选用空调系统是 VRV 系统。（　　）

A. 对 　　　　　　　　　　　　　　 B. 错

215. 风道应将噪声控制在允许范围内，必要时应设消声装置。（　　）

A. 对 　　　　　　　　　　　　　　 B. 错

216. 集成电路板加工车间应选用集中式空调系统。（　　）

A. 对 　　　　　　　　　　　　　　 B. 错

217. 某房间 $t=20\pm0.5℃$，空调精度为 0.5℃。（　　）

A. 对 　　　　　　　　　　　　　　 B. 错

218. 某房间 $t=20\pm0.5℃$，空调温度基数为 0.5℃。（　　）

A. 对 　　　　　　　　　　　　　　 B. 错

219. 舒适性空调夏季室内设计风速为不大于 0.3m/s。（　　）

A. 对 　　　　　　　　　　　　　　 B. 错

220. 舒适性空调冬季室内设计风速为不大于 0.3m/s。（　　）

A. 对 　　　　　　　　　　　　　　 B. 错

221. 空调的区域是指，离外墙 0.5m，离地 0.3m，高于精密设备 0.3～0.5m 范围内的空间。
（　　）

A. 对 　　　　　　　　　　　　　　 B. 错

222. 下列朝向中，居住建筑各朝向窗墙面积比允许值最大的是（　　）。

A. 东向 　　　　 B. 西向 　　　　 C. 南向 　　　　 D. 北向

223. 工艺性空气调节区，当室温允许波动范围大于 ±1.0℃ 时，外窗设置应该符合的要求
是（　　）。

A. 外窗应尽量北向 　　　　　　　　 B. 不应有东、西向外窗

C. 不宜有外窗 　　　　　　　　　　 D. 外窗应南向

224. 在冬季室外平均风速小于 3.0m/s 的地区，对于 7～30 层建筑，外窗的气密性不应低
于（　　）水平。

A. 2 级 　　　　 B. 3 级 　　　　 C. 4 级 　　　　 D. 5 级

225. 下列说法中不正确的是（　　）。

A. 空气调节系统的新风不宜过滤

B. 空气调节系统的回风应过滤

C. 当采用粗效空气过滤器不能满足要求时，应设置中效空气过滤器

D. 空气过滤器的阻力，应按终阻力计算

226. 工艺性空气调节区，当室温允许波动范围不小于±1.0℃时，空气调节房间的门和门斗设置应符合的要求是（　　　）。

A. 不宜有外门，如有外门时，应采用保温门

B. 不宜有外门，如有经常开启的外门时，应设门斗

C. 不应有外门，如有外门时，应采用恒温门

D. 不应有外门，如有外门时，必须设门斗

227. 太阳辐射的能量是通过（　　　）等途径成为室内热的。

A. 辐射、传导与对流   B. 辐射与对流

C. 传导与对流   D. 辐射与传导

228. 室外空气综合温度与（　　　）无关。

A. 室外空气温度   B. 室外空气流速

C. 室外空气湿度   D. 太阳辐射强度

229. 空气调节区的外窗面积应尽量减少，并应采取密封和遮阳措施。关于空气调节房间外窗的设置，以下说法中正确的为（　　　）。

A. 外窗应采用单层玻璃窗，应北向

B. 外窗宜采用双层玻璃窗，宜南向

C. 外窗可采用双层玻璃窗，应北向

D. 工艺性空气调节区，宜采用双层玻璃窗；舒适性空气调节房间，有条件时，外窗亦可采用双层玻璃窗。

230. 下列说法中正确的为（　　　）。

A. 高级建筑，应设置空气调节

B. 按建设方要求确定是否设置空气调节

C. 南方地区建筑，应设置空气调节

D. 当采用采暖通风达不到人体舒适性标准或室内热湿环境要求时，应设置空气调节

231. 下列说法中不正确的是（　　　）。

A. 厨房、厕所、盥洗室和浴室等，宜采用自然通风或机械通风，进行局部排风或全面换气

B. 厨房、厕所、盥洗室和浴室等，当利用自然通风不能满足室内卫生要求时，应采用机械通风

C. 民用建筑的办公室，宜采用机械通风

D. 高层民用建筑的防烟楼梯间及其前室、消防电梯前室和合用前室以及走道、房间等的防烟、排烟设计，应按国家现行的《高层民用建筑设计防火规范》（GB 50045—2005）执行

232. 开式冷却水系统的水泵扬程应大于管路沿程总阻力、管路局部总阻力、设备阻力及（　　　）之和。

A. 静水压力

B. 两水面高度之差对应的压力

C. 冷却塔水盘水面至水泵中心高差对应的压力

D. 冷却塔进水口至水泵中心高差对应的压力

233. 下列说法中不正确的是（　　）。

A. 对提高劳动生产率和经济效益有显著作用时，应设置空气调节

B. 对保证身体健康、促进康复有显著效果时，应设置空气调节

C. 采暖通风虽能达到人体舒适和满足室内热湿环境要求，但应优先选择设置空气调节

D. 采用采暖通风虽能达到人体舒适和满足室内热湿环境要求，但不经济时，应设置空气调节

234. 室内空气品质的评价方法主要是（　　）。

A. 人们对空气满意　　　　　　　　　　B. 污染物浓度不超标

C. 遵循卫生标准　　　　　　　　　　　D. 主客观评价相结合的方法

235. 用（　　）能更好地描述室内空气的新鲜程度。

A. 新风量　　　　B. 换气次数　　　　C. 空气龄　　　　D. 送风量

236. 下列说法中不正确的是（　　）。

A. 选择空气调节系统时，可根据建筑物的用途、规模、使用特点、负荷变化情况与参数要求、所在地区气象条件与能源状况等，通过技术经济比较确定

B. 使用时间不同的空气调节区间宜分别或独立设置空气调节系统

C. 建筑物的南北向应分别或独立设置空气调节系统

D. 同一时间内需分别进行供热和供冷的空气调节区，宜分别或独立设置空气调节系统

237. 民用建筑内污染物评价指标常涉及 CO，是因为 CO（　　）。

A. 是最有害的污染物　　　　　　　　　B. 是与燃烧有关的评价指标

C. 危害人的生命　　　　　　　　　　　D. 涉及燃气渗漏

238. 下列关于工艺性空气调节区的外墙设置及其所在位置和朝向的设计的说法正确的为（　　）。

A. 增加外墙面积、避免顶层、宜北向

B. 增加外墙面积、避免顶层、宜南向

C. 减少外墙面积、避免顶层、宜北向

D. 减少外墙面积、避免顶层、宜南向

239. 一般空调系统中的冷冻水系统是（　　）。

A. 闭式系统　　　　　　　　　　　　　B. 开式系统

C. 介于闭式和开式之间的系统　　　　　D. 既非开式也非闭式的系统

240. 工艺性空气调节区，当室温允许波动范围等于±0.5℃时，其外墙的围护结构热惰性指标，应（　　）。

A. 不宜小于 4　　　　B. 不宜大于 4　　　　C. 不宜小于 3　　　　D. 不宜大于 3

241. 换气次数是空调工程中常用的衡量送风量的指标，它的定义是（　　　）。

   A. 房间换气量和房间面积的比值　　　　B. 房间通风量和房间面积的比值

   C. 房间换气量和房间体积的比值　　　　D. 房间通风量和房间体积的比值

242. （　　　）最适宜作为露点温度控制中的传感器。

   A. 露点温度计　　　　　　　　　　　　B. 普通干球温度计

   C. 湿球温度计　　　　　　　　　　　　D. 毛发湿度计

243. 在自动控制调节中，要设置温度设定值的自动再调控制，因为（　　　）。

   A. 空调冷负荷发生变化　　　　　　　　B. 湿负荷发生变化

   C. 新风量发生变化　　　　　　　　　　D. 空调房间不要保持全年不变的温度值

244. 为了空调系统节能，应对空调房间内的（　　　）进行合理选定。

   A. 室内的温度和相对湿度

   B. 室内空气的洁净度和空气流速

   C. 新风量和对室内温度设定值的自动再调

   D. 应为 A 和 C

245. 下列说法中正确的为（　　　）。

   A. 舒适性空气调节房间，夏季可不计算通过屋面传热形成的冷负荷

   B. 舒适性空气调节房间，夏季可不计算通过地面传热形成的冷负荷

   C. 舒适性空气调节房间，夏季可不计算通过内墙传热形成的冷负荷

   D. 舒适性空气调节房间，夏季可不计算通过外窗传热形成的冷负荷

246. 组织室内气流时，下列说法中不正确的是（　　　）。

   A. 不应使含有有害物质的空气流入没有有害物质的地带

   B. 不应使含有蒸汽的空气流入没有蒸汽的地带

   C. 不应使含有大量热的空气流入没有热的地带

   D. 允许含有大量热的空气流入仅有少量热的地带

247. 空调耗能系数 CEC 用于（　　　）。

   A. 对水输送系统进行能耗考核

   B. 对空气输送系统进行能耗考核

   C. 对建筑物外围护结构的热工特性的考核

   D. 对整个空调系统效率的考核

248. 制冷机组的综合平均性能系数 IPLV 是指（　　　）。

   A. 在额定工况下，制冷机的制冷量（kW）和输入电功率（kW）之比

   B. 在额定工况下，制冷机的输入电功率（hW）和制冷量（kW）之比

   C. 制冷机组全年运行输入电功率（kW·h）和全年运行制冷量（kW·h）之比

   D. 制冷机组全年运行制冷量（kW·h）和全年运行输入电功率（kW·h）之比

249. 片式消声器对（　　　）频吸声性能较好，阻力也不大。

A. 低　　　　　　　B. 高　　　　　　　C. 中、高　　　　　D. 中、低

250. 两个声源其声压级分别是40dB和30dB，则其叠加后的声压级为（　　）。

A. 70dB　　　　　B. 40dB　　　　　C. 30dB　　　　　D. 12dB

251. 发展蓄冷和蓄热空调技术是（　　）。

A. 为了节约电能

B. 为了减少投资费用

C. 为了减少环境污染

D. 为了平衡电网的用电负荷，并减少环境污染

252. 冰蓄冷空调系统中，低温送风的末端装置主要应解决（　　）。

A. 节能问题　　　B. 结露问题　　　C. 气流组织问题　　D. 噪声问题

253. 关于空气调节房间的夏季冷负荷，下列说法中正确的为（　　）。

A. 空气调节房间夏季冷负荷等于该房间的夏季得热量

B. 空气调节房间夏季冷负荷大于该房间的夏季得热量

C. 空气调节房间夏季冷负荷小于该房间的夏季得热量

D. 空气调节房间夏季冷负荷与夏季得热量有时相等，有时不等

254. 空气调节系统的新风量应确定为（　　）。

A. 按补偿排风风量、保持室内正压风量、保证每人不小于人员所需最小新风量中的最大值确定

B. 按不小于人员所需最小新风量，以及补偿排风和保持室内正压所需风量两项中的较大值确定

C. 按补偿排风风量、保证每人不小于人员所需最小新风量中的较大值确定

D. 取保持室内正压风量、保证每人不小于人员所需最小新风量中的较大值确定

255. 空气调节区应尽量集中布置。室内温湿度基数和使用要求相近的空气调节区，布置时（　　）。

A. 宜按房间功能布置　　　　　　　B. 宜分散布置

C. 宜相邻布置　　　　　　　　　　D. 无特别要求

256. 湿热交换是空气和水之间存在温差时，由（　　）作用而引起的换热结果。

A. 导热　　　　　B. 对流　　　　　C. 辐射　　　　　D. 三者皆有

257. 无论是哪种形式的空调系统，最终都是将室内余热量（　　）。

A. 通过排风排入其他空调房间　　　B. 传给室外大气

C. 通过回风返回到系统　　　　　　D. 用处理过的新风消除

258. 下列指标中（　　）不是过滤器的性能指标。

A. 过滤效率　　　B. 容尘量　　　　C. 压力损失　　　D. 颗粒温度

259. （　　）是热交换的推动力，（　　）是湿交换的推动力。

A．温度，水压力　　　　　　　B．温度差，水压力差

C．温度，电压差　　　　　　　D．温度差，水蒸汽分压力差

260．存放重要档案资料的库房，平时房内无人，但需要设空调全年运行，应采用（　　）空调系统。

A．上行下给式　　B．封闭式　　　　C．增压式　　　　D．设水箱式

261．（　　）时，不应设置空调。

A．采用采暖通风达不到人体舒适标准或室内热湿环境要求

B．采用采暖通风达不到工艺对室内温度、湿度、洁净度等要求

C．提高劳动生产率和经济效益有显著作用

D．对保证身体健康、促进康复无显著效果

第五章 燃气与热水供应

1. 热水管道为便于排气，横管要有与水流相反的坡度，坡度一般不小于（   ）。
   A. 0.001   B. 0.002   C. 0.003   D. 0.004

2. 在热水系统中，为消除管道伸缩的影响，在较长的直线管道上应设置（   ）。
   A. 伸缩补偿器   B. 伸缩节
   C. 软管   D. 三通

3. 热水系统膨胀罐的作用（   ）。
   A. 容纳水膨胀后的体积   B. 定压
   C. 机械循环中排出系统空气   D. 蓄水

4. 为了保证热水供水系统的供水水温，补偿管路的热量损失，热水系统设置（   ）。
   A. 供水干管   B. 回水管
   C. 配水管   D. 热媒管

5. 为了保证热水供水干管的供水水温，补偿管路的热量损失，热水系统设置（   ）。
   A. 热水供水干管   B. 设置干管回水管
   C. 设置立管配水管   D. 设置热媒回水管

6. 热水系统配水点前最低热水温度为（   ）。
   A. 50℃   B. 60℃   C. 70℃   D. 75℃

7. 热水系统水加热器出水最高热水温度为（   ）。
   A. 50℃   B. 60℃   C. 70℃   D. 75℃

8. 局部热水供应系统适用于下列哪种场所？（   ）
   A. 适应于热水用水量小，用水点分散且在用水场所采用小型热水器就地制热水供应一个或几个配水点的建筑，如理发店、小型餐饮店、医疗门诊所等
   B. 用于用水点集中的建筑，如洗衣房、公共浴室
   C. 用于热水用水量小，要求制备热水成本低，使用要求高的建筑
   D. 用于配水点分散，但要求供热水舒适方便的高级住宅

9. 集中生活热水供应系统，不适宜于下列哪项的叙述？（   ）
   A. 住宅
   B. 热水用水量大、用水集中、能够均衡总热负荷，提高加热设备使用率的建筑，如公共浴室、洗衣房、大型餐饮业和招待所等
   C. 用水量大、用水集中的大型体育场（馆）、游泳池（馆）等建筑
   D. 用水量小、用水较分散、使用要求不高的普通办公楼

10. 生活用热水供应系统如果原水水质需水处理但未进行水质处理，水加热器的出口最高水温为＿＿＿，配水点的最低水温为＿＿＿。（ ）
    A. 60℃；50℃   B. 75℃；50℃   C. 70℃；40℃   D. 65℃；55℃

11. 水加热设备的上部，热媒进出口管上，储热水罐和冷热水混合器上应安装（ ）。
    A. 温度计、普通阀   B. 温度计、压力表
    C. 温度计、温度调节阀   D. 压力表、普通阀

12. 室内局部热水供应系统的特点是（ ）。
    A. 供水范围小   B. 散热快   C. 热水管路复杂   D. 热水设备复杂

13. 我国《建筑给排水设计规范》（GB 50015—2010）规定，生活热水（无软化水设施时）出水温度不高于（ ），这主要是为了防止水垢产生。
    A. 10℃   B. 55℃   C. 20℃   D. 0℃

14. 建筑内热水供应系统按照热水（ ）来分，可分为集中热水供应系统和局部热水工艺系统
    A. 区域   B. 热源
    C. 供水范围的大小   D. 热媒介质

15. 热水供水方式按照管网工况的特点可分为开式和（ ）。
    A. 上向式   B. 下向式   C. 平行式   D. 闭式

16. 热水供水方式按照（ ）的不同可以分为直接加热式和间接加热式。
    A. 热水加热方式   B. 管道   C. 供热锅炉   D. 热水阀门

17. 热水供应系统热水加热方式和设备有很多，其中热水锅炉属于（ ）。
    A. 间接加热设备   B. 直接加热设备
    C. 混合设备   D. 附件设备

18. 热水供应系统热水加热方式和设备有很多，其中容积式水加热器属于（ ）。
    A. 间接加热设备   B. 直接加热设备
    C. 混合设备   D. 附件设备

19. 热水供应系统热水加热方式和设备有很多，其中快速式加热器属于（ ）。
    A. 间接加热设备   B. 直接加热设备
    C. 混合设备   D. 附件设备

20. 热水供应系统中很多部分需要保温，下列不需要保温的部分是（ ）。
    A. 水加热设备   B. 热水箱   C. 布水滤头   D. 热水干管

21. 热水供应系统热水加热方式和设备有很多，其中半容积式水加热器属于（ ）。
    A. 间接加热设备   B. 直接加热设备
    C. 混合设备   D. 附件设备

22. 热水供应系统中疏水器的作用使保证凝结水及时排放，同时又防止蒸汽漏失，那么疏水器一般设置在（　　）。
　　A．热水管最高处　　　　　　　　　B．水表井里
　　C．阀门井里　　　　　　　　　　　D．凝结水管的最低处

23. 建筑热水供应方式按加热冷水的方法不同，可分为直接加热和混合加热两种方式。（　　）
　　A．对　　　　　　　　　　　　　　B．错

24. 半循环热水供应方式比较节约管材，可用于对热水温度稳定性要求较高的建筑物。（　　）
　　A．对　　　　　　　　　　　　　　B．错

25. 在热水供应系统中，水平管道和立管在连接时一般通过弯头转弯后连接，其目的是防止管道受到热伸长的影响。（　　）
　　A．对　　　　　　　　　　　　　　B．错

26. 现阶段，太阳能一般用在局部热水供应系统中。（　　）
　　A．对　　　　　　　　　　　　　　B．错

27. 集中热水供应系统加热前原水全部都需要进行软化。（　　）
　　A．对　　　　　　　　　　　　　　B．错

28. 热水供水温度是指热水供应设备的出水温度，供水温度过高或过低都是不合适的。（　　）
　　A．对　　　　　　　　　　　　　　B．错

29. 热水供应的用水量标准有两种，一是根据建筑的使用性质，热水供应时间等情况确定，另一种是根据用水人数来确定。（　　）
　　A．对　　　　　　　　　　　　　　B．错

30. 室内热水管网的布置的基本原则是在满足使用要求、便于维修管理的情况下管线最短（　　）
　　A．对　　　　　　　　　　　　　　B．错

31. 下列哪项不是燃气热水器的特点？（　　）
　　A．热源有天然气、液化气等　　　　B．目前已经广泛地应用于普通住宅
　　C．电耗大　　　　　　　　　　　　D．有直流快速式和容积式之分

32. 燃气作为城市新能源具有鲜明特点，下列哪项不是其具有的特点？（　　）
　　A．容易点火　　B．便于计量　　C．没有灰渣　　D．燃烧效率低

33. 我国燃气管道根据输气压力可分为高、中、低三类管道，其中低压管道一般指压力（　　）。
　　A．<0.05MPa　　B．<0.01MPa　　C．<0.2MPa　　D．<0.4MPa

34. 燃气用户应当单独设置燃气表，以下哪项不是选择燃气表的条件？（   ）
    A. 湿度   B. 温度   C. 流量   D. 工作压力

35. 居民年生活用气量单位一般可以用（   ）。
    A. kJ/m^3 B. kN/m^3 C. m^3/a D. ha/a

36. 燃气又称煤气，根据其来源不同，主要有人工煤气、天然气、液化石油气和生物沼气四大类。（   ）
    A. 对   B. 错

37. 燃气管道漏气可能导致火灾、爆炸、中毒或其他事故，其管道的气密性和其他管道相比没有特殊要求。（   ）
    A. 对   B. 错

38. 室内燃气管道宜选用钢管，埋于地下部分应涂防腐涂料，明装时应采用热镀锌钢管。（   ）
    A. 对   B. 错

39. 我国现在家庭中常采用的是一种干式皮囊燃气流量表，它适用于室内低压燃气系统。（   ）
    A. 对   B. 错

40. 目前我国家庭常用的燃气用具有厨房燃气灶、燃气热水器和燃气管道阀门。（   ）
    A. 对   B. 错

第六章　建筑供配电及照明系统

1. 电力系统由（　　）组成。
   A. 发电厂、电力网、变配电系统
   B. 发电厂、电力网、用户
   C. 电力网、变配电系统、用户
   D. 发电厂、变配电系统、用户

2. 按下列（　　）原则，电力负荷分为一级负荷、二级负荷和三级负荷。
   A. 根据对供电可靠性的要求及中断供电在政治、经济上所造成损失或影响的程度进行分级
   B. 按建筑物电力负荷的大小进行分级
   C. 按建筑物的高度和总建筑面积进行分级
   D. 根据建筑物的使用性质进行分级

3. 电力负荷应根据供电可靠性及中断供电在政治、经济上所造成的损失利影响程度，分为（　　）。
   A. 一级、二级负荷
   B. 一级、二级、三级负荷
   C. 一级、二级、三级、四级负荷
   D. 一级、二级、三级、四级、五级负荷

4. 下列建筑中，（　　）属于一级电力负荷。
   A. 四星级以上旅馆的经营管理用计算机
   B. 大型百货商店的自动扶梯电源
   C. 电视台的电视电影室
   D. 甲级电影院

5. 下列关于电力负荷等级的描述，（　　）组答案是完全正确的。
   ①县级医院手术室　二级；②大型百货商店　二级；③特大型火车站旅客站房　一级；④民用机场候机楼　一级
   A. ①④　　　　　B. ①③　　　　　C. ③④　　　　　D. ①②

6. 下列（　　）负荷不属于电力负荷的一级负荷。
   A. 重要办公楼的客梯电力，主要通道照明
   B. 部、省级办公建筑的客梯电力、主要通道照明
   C. 大型博物馆的珍贵展品展室的照明
   D. 市（地区）级气象台主要业务用电子计算机系统电源

7. 下面（　　）类用电负荷为二级负荷。
   A. 中断供电将造成人身伤亡者
   B. 中断供电将造成较大政治影响者
   C. 中断供电将造成重大经济损失者
   D. 中断供电造成公共场所秩序严重混乱者

8. 下面（　　　）情况不是划分电力负荷的一级负荷的依据。

   A．中断供电将造成人身伤亡者

   B．中断供电将造成重大经济损失者

   C．中断供电将造成较大政治影响者

   D．中断供电将造成公共场所秩序严重混乱者

9. 建筑供电的一级负荷的供电要求为（　　　）。

   A．两个电源供电、一个独立电源之外增设应急电源

   B．两个独立电源供电、一个独立电源之外增设应急电源

   C．两个电源供电、两个独立电源之外增设应急电源

   D．两个独立电源供电、两个独立电源之外增设应急电源

10. 建筑供电一级负荷中的特别重要负荷的供电要求为（　　　）。

    A．一个独立电源供电　　　　　　　　B．两个独立电源供电

    C．一个独立电源之外增设应急电源　　D．两个独立电源之外增设应急电源

11. 对某些特等建筑，如重要的交通、通信枢纽、国宾馆、国家级的会堂等场所的供电，
    《民用建筑电气设计规范》（JGJ 16—2008）将其列为一级负荷中的（　　　）。

    A．特别负荷　　　　B．重要负荷　　　　C．特别重要负荷　　　D．安全负荷

12. 下列（　　　）电源作为应急电源是错误的。

    A．蓄电池

    B．独立于正常电源的发电机组

    C．从正常电源中引出一路专用的馈电线路

    D．干电池

13. 确定各类建筑物电梯的负荷分级时，下列（　　　）项是不正确的。

    A．一般乘客电梯为二级，重要的为一级

    B．一般载货电梯为三级，重要的为二级

    C．一般医用电梯为一级，重要的为一级中的特别重要负荷

    D．一般自动扶梯为三级，重要的为二级

14. 当用电单位用电设备容量当大于（　　　）时，在正常情况下，应以高压方式供电。

    A．250kW　　　　B．250kVA　　　　C．160kW　　　　D．160kVA

15. 当用电单位供电设备容量当大于（　　　）时，在正常情况下，应以高压方式供电。

    A．250kW　　　　B．250kVA　　　　C．160kW　　　　D．160kVA

16. 一级负荷中特别重要负荷，除要求有两个电源外，还必须增设应急电源。下列（　　　）
    不符合应急电源的要求。

    A．与市电电源并列运行的发电机组

    B．独立于正常电源的发电机组

C．供电网络中有效地独立于正常电源的专门馈电线路

D．蓄电池

17．民用建筑的高压方式供电，一般采用的电压是（　　）。

A．10kV　　　　B．50kV　　　　C．100kV　　　　D．1000kV

18．一般（　　）伏以下的配电线路称为低压线路。

A．220V　　　　B．380V　　　　C．400V　　　　D．1000V

19．宜设自备电源的条件是（　　）。

①需要设自备电源作为一级负荷中特别重要负荷的应急电源时；②设自备电源比从电网取得第二电源在经济上更为合理时；③建筑物总负荷超过250kW时；④从电网取得第二电源不能满足一级负荷对双电源的要求条件时

A．①、②、③、④　　　　　　　　B．①、③、④

C．②、③、④　　　　　　　　　　D．①、②、④

20．符合下列（　　）条件时，用电单位宜设置自备电源。

①作为一级负荷中特别重要负荷的应急电源；②设置自备电源较从电力系统中取得第二电源经济合理时；③电力系统中取得第二电源不能满足一级负荷要求的条件时；④所属地区远离供电系统，经与供电部门共同规划，设置自各电源作为主电源经济合理

A．①、②、④　　B．①、②、③　　C．②、③、④　　D．①、②、③、④

21．由市政电网对中小容量电力负荷的建筑物供电时，一般采用的供电电压为10kV或380/220V，当无特殊情况时，是只按电力负荷的大小来确定供电电压，下列（　　）项应采用380/220V供电电压。

A．550kW　　　　B．200kW　　　　C．1000kW　　　　D．2000kW

22．正常运行情况下，照明供电的电压偏差允许值应按（　　）要求验算。

A．±5.0%　　　　B．±7.0%　　　　C．±3.0%　　　　D．±10%

23．正常运行情况下，一般电机用电设备处电压偏差允许值应按（　　）要求验算。

A．±5.0%　　　　B．±0.25%　　　　C．±7.0%　　　　D．±10%

24．正常运行情况下，电梯电动机电压偏差允许值应按（　　）要求验算。

A．±5.0%　　　　B．±0.25%　　　　C．±7.0%　　　　D．±10%

25．以下（　　）做法是允许的。

A．在变电站正对的上一层设一喷水池，并采取良好的防水措施

B．电源进线来自建筑物东侧，而将变电室设在建筑物西侧

C．为防止灰尘，将变电室设在密不透风的地方

D．地下室只有一层，将变电室设在这一层

26．以下（　　）是允许的。

A．一类高、低层主体建筑物内设置装有可燃油的电气设备的配变电站

B．配变电站设在浴室的下方或贴邻浴室

C．配变电站设在只有一层的地下室

D．配变电室为防止灰尘，设在密闭的房间内

27．装有电气设备的相邻房间之间有门时，此门应（　　）。

A．向高压方向开启　　　　　　　　B．向低压方向开启或双向开启

C．向高压方向开启或双向开启　　　D．仅向低压方向开启

28．以下对配变电站的设计中，（　　）是错误的。

A．配变电站的电缆沟和电缆室应采取防水、排水措施，但当地下最高水位不高于沟底标高时除外

B．高压配电装置距室内房顶的距离一般不小于 0.8m

C．高压配电装置宜设不能开启的采光窗，窗户下沿距室外地面高度不宜小于 1.8m

D．高压配电装置与值班室应直通或经走廊相通

29．以下有关配变电室门窗的设置要求中，（　　）是错误的。

A．变压器室之间的门应设防火门

B．高压配电室宜设不能开启的自然采光窗

C．高压配电室窗户的下沿距室外地面高度不宜小于 1.5m

D．高压配电室邻街的一面不宜开窗

30．在无特殊的防火要求的多层建筑中，装有可燃性油的电气设备的配变电站，允许设在下列（　　）场所。

①人员密集场所的上方；②贴邻疏散出口的两侧；③首层靠外墙部位；④地下室

A．①、③　　　　B．②、③　　　　C．①、②　　　　D．③、④

31．下列对配变电站的设置要求中，（　　）是错误的。

A．一类高层、低层主体建筑内，严禁设置装有可燃油的电气设备

B．高层建筑中配变电站宜划分为单独的防火分区

C．高低压配电设备不可设在同一房间内

D．值班室应单独设置，但可与控制室或低压配电室合并兼用

32．以下对配变电站的设计要求中（　　）是错误的。

①配变电站的所属房间内不应有与其无关的管道、明敷线路通过；②配变电站的所属房间内的采暖装置应采用钢管焊接，且不应有法兰、螺纹接头阀门等连接杆；③有人值班的配变电站，宜设有上、下水设施；④装有六氟化硫的配电装置、变压器的房间，其排风系统要考虑有底部排风口

A．①、②　　　　B．②、③　　　　C．①、②、③　　　　D．①、④

33．配电装置室及变压器室门的宽度宜按最大不可拆卸部件宽度加（　　）确定。

A．0.1m　　　　B．0.2m　　　　C．0.3m　　　　D．0.4m

34．变压器室采用自然通风时，夏季的排风温度不宜高于（　　）。

A. 40℃   B. 45℃   C. 50℃   D. 55℃

35. 长度大于（　　）的配电装置室应设两个出口。
    A. 7m   B. 10m   C. 15m   D. 18m

36. 高压配电室内配电装置距屋顶（梁除外）的距离一般不小于（　　）。
    A. 0.5m   B. 0.6m   C. 0.7m   D. 0.8m

37. 成排布置的低压配电屏，当其长度超过 6m 时，屏后的通道应有两个通向本室或其他房间的出口；当两出口之间的距离超过（　　）时，其间还应增加出口。
    A. 10m   B. 12m   C. 15m   D. 18m

38. 单排固定布置的低压配电屏前的通道宽度不应小于（　　）。
    A. 1.0m   B. 1.2m   C. 1.5m   D. 1.8m

39. 当采用固定式的低压配电屏，以双排对面的方式布置时，其屏后的通道最小宽度应为（　　）。
    A. 1.0m   B. 1.2m   C. 1.5m   D. 0.9m

40. 柴油发电机间对开门的要求中，（　　）是错误的。
    A. 发电机房应有两个出入口
    B. 发电机房同控制室、配电室之间的门和观察窗应有防火隔音措施，门开向控制室、配电室
    C. 储油间同发电机间之间应为防火门，门开向发电机间
    D. 发电机房通向外部的门应有防火隔音设施

41. 配变电站的位置应根据下列一些要求，综合考虑确定，其中（　　）是错误的。
    A. 接近用电负荷中心   B. 进出线路方便
    C. 宜与厕所和浴室相邻   D. 设备吊装，运输无障碍

42. 关于变配电所的布置，下列叙述中（　　）是错误的。
    A. 不带可燃性油的高低压配电装置和非油浸的电力变压器，不允许布置在同一房间内
    B. 高压配电室与值班室应直通或经通道相通
    C. 当采用双层布置时，变压器应设在底层
    D. 值班室应有直接通向户外或通向走道的门

43. 关于变压器室、配电室、电容器室的门开启方向，正确的是（　　）。
    ①向内开启；②向外开启；③相邻配电室之间有门时，向任何方向单向开启；④相邻配电室之间有门时，双向开启
    A. ①、④   B. ②、③   C. ②、④   D. ①、③

44. 民用建筑需要双回路电源线路时，一般宜采用（　　）。
    A. 高压   B. 低压   C. 同级电压   D. 不同级电压

45. 用电设备或二级配电箱的低压供电线路，不宜采用（　　）。

A．放射式　　　　　　　　　　B．树干式

C．树干与放射混合式　　　　　　D．环式

46．民用建筑的供电线路，当电流负荷超过（　　）时，应采用 380/220V 三相四线制供电。

A．30A　　　　　　B．50A　　　　　　C．100A　　　　　　D．500A

47．某生活区用电设备容量为 300kW，应采用（　　）电压向该生活区供电。

A．127/220V　　　B．220/380V　　　C．6kV　　　　　　D．10kV

48．对多层住宅小区来说，380/220V 低压变电站供电半径不宜超过（　　）。

A．400m　　　　　B．250m　　　　　C．150m　　　　　D．100m

49．居住区的高压配电，一般按每占地 $2km^2$ 或总建筑面积 $4\times10^5m^2$ 设置一个 10kV 配电所，以达到低压送电半径在（　　）左右。

A．100m　　　　　B．250m　　　　　C．500m　　　　　D．1000m

50．居住区一般应按每占地（　　）设置一个 10kV 的配电所。

A．$1km^2$　　　　B．$2km^2$　　　　C．$3km^2$　　　　D．$4km^2$

51．居住小区内的高层建筑，宜采用下述（　　）低压配电方式。

A．树干式　　　　B．环行网络　　　C．放射式　　　　D．综合式

52．沿同一路径的电缆根数超过（　　）时，宜采用电缆隧道敷设。

A．8 根　　　　　B．12 根　　　　　C．15 根　　　　　D．18 根

53．380/220V 低压架空电力线路接户线，在进线处对地距离不应小于（　　）。

A．2.5m　　　　　B．2.7m　　　　　C．3.0m　　　　　D．3.3m

54．由高低压线路至建筑物第一支持点之间的一段架空线，称为接户线，高、低压接户线在受电端的对地距离不应小于（　　）。

A．高压接户线 4.5m，低压接户线 2.5m

B．高压接户线 4m，低压接户线 2.5m

C．高压接户线 4m，低压接户线 2.2m

D．高压接户线 3.5m，低压接户线 2.2m

55．下列（　　）线路敷设方式禁止在吊顶内使用。

A．绝缘导线穿金属管敷设　　　　B．封闭式金属线槽

C．用塑料线夹布线　　　　　　　D．封闭母线沿吊架敷设

56．以下对室内敷线的要求中，（　　）是错误的。

A．建筑物顶棚内，严禁采用直敷布线

B．当将导线直接埋入墙壁、顶棚抹灰层内时，必须采用护套绝缘电线

C．室内水平直敷布线时，对地距离不应小于 2.5m

D．穿金属管的交流线路，应将同一回路的相线和中性线穿于同一根管内

57. 当有下列（　　）情况时，室外配电线路应采用电缆。
①重点风景旅游区的建筑群；②环境对架空线路有严重腐蚀时；③大型民用建筑；④没有架空线路走廊时
A．②、④　　　　　B．①、②、③　　　　　C．②、③、④　　　　　D．①、②、③、④

58. 通过居民区的高压线路，在最大弧垂的情况下，导线与地面的最小距离不应小于（　　）。
A．6.5m　　　　　B．6.0m　　　　　C．5.5m　　　　　D．5.0m

59. 架空线路在接近建筑物时，如果线路为低压线，线路的边导线在最大计算风偏的情况下。与建筑物的水平距离不应小于（　　）。
A．0.8m　　　　　B．1.0m　　　　　C．1.5m　　　　　D．1.8m

60. 电缆桥架在水平敷设时的距地高度一般不宜低于（　　）。
A．2.0m　　　　　B．2.2m　　　　　C．2.5m　　　　　D．3.0m

61. 竖井内布线一般适用于高层及高层建筑内强电及弱电垂直干线的敷设。在下列有关竖井的要求中（　　）是错误的。
A．竖井的井壁应是耐火极限不低于 1h 的非燃烧体
B．竖井的大小除满足布线间隔及配电箱布置等必要尺寸外，还宜在箱体前留有不小于 0.8m 的操作距离
C．竖井每隔两层应设检修门并开向公共走廊
D．竖井门的耐火等级不低于丙级

62. 下述有关电气竖井布置的要求中，（　　）是错误的。
A．应靠近负荷中心和变配电所，以减少线路长度
B．应尽量与其他管井合用，以降低投资
C．应远离烟道、热力管道等设施
D．应尽量避免与楼梯间和电梯井相邻

63. 对电梯及电梯井的以下设计要求中（　　）是错误的。
A．高层建筑客梯轿厢内应急照明，连续供电时间不少于 20min
B．客梯轿厢内的工作照明灯数不应少于 2 个
C．电梯井内应设有照明灯
D．除向电梯供电的电源线路外，其他线路不得沿电梯井道敷设

64. 向电梯供电的线路敷设的位置，下列（　　）不符合规范要求。
A．沿电气竖井　　　　　　　　　B．沿电梯井道
C．沿顶层吊顶内　　　　　　　　D．沿电梯井道之外的墙敷设

65. 下列关于电缆敷设的情况中，（　　）是不需要采取防火措施的。
A．电缆沟、电缆隧道进入建筑物处
B．电缆桥架、金属线槽及封闭式母线穿过楼板处

C. 封闭式母线水平跨越建筑物的伸缩缝或沉降缝处

D. 电缆桥架、金属线槽及封闭式母线穿过防火墙处

66. 《民用建筑电气设计规范》（JGJ 16—2008）第 9.4.4 条规定：穿金属管的交流线路，应将同一回路的所有相线和中性线（如有中性时）穿于同一根管内，下列（　　）理由是正确的。

A. 大量节省金属管材

B. 同一回路的线路不穿在同一根管内，施工接线易出差错

C. 便于维修，换线简单

D. 避免涡流的发热效应

67. 有可燃物的建筑物顶棚内，应采用（　　）布线。

A. 采用穿铜管布线

B. 采用穿一般塑料管布线

C. 采用一般电缆明敷布线

D. 采用绝缘电线直接埋入墙壁、顶棚的灰层内

68. 在下列单位中，电功率的单位是（　　）。

A. 伏特（V）　　　　B. 安培（A）　　　　C. 千瓦时（kW·h）　　　　D. 瓦（W）

69. 供电系统用 cosφ 表示用电设备的功率因数，它的意义是（　　）。

A. 系统有功功率与无功功率之比　　　　B. 系统无功功率与有功功率之比

C. 系统有功功率与视在功率之比　　　　D. 系统有功功率与设备功率之比

70. 正弦交流电网电压值，如 380V、220V，指的是（　　）。

A. 电压的峰值　　　　　　　　　　　　B. 电压的平均值

C. 电压的有效值　　　　　　　　　　　D. 电压某一瞬时值

71. 下列光源中，（　　）属于热辐射光源。

A. 卤钨灯　　　　　B. 低压汞灯　　　　C. 金属卤化物灯　　　D. 低压钠灯

72. 美术展厅应优先选用（　　）作为光源。

A. 白炽灯、稀土节能荧光灯　　　　　　B. 荧光高压汞灯

C. 低压钠灯　　　　　　　　　　　　　D. 高压钠灯

73. 照明节能措施应采用（　　）。

A. 应用优化照明设计方法、采用节能照明装置、减少照明灯具

B. 应用优化照明设计方法、采用节能照明装置、改进及合理选择照明控制

C. 改进及合理选择照明控制、采用节能照明装置、减少照明灯具

D. 采用节能照明装置、改进及合理选择照明控制、减少照明灯具

74. 在下列四种照明中，（　　）属于应急照明。

A. 值班照明　　　　B. 警卫照明　　　　C. 障碍照明　　　　D. 备用照明

75. 在下列四种照明中，（   ）属于应急照明。

    A. 值班照明   B. 警卫照明   C. 障碍照明   D. 疏散照明

76. 在下列四种照明中，（   ）属于应急照明。

    A. 值班照明   B. 警卫照明   C. 障碍照明   D. 安全照明

77. 航空障碍灯的装设应根据地区航空部门的要求决定。当需要装设时，障碍标志灯的水平、垂直距离不宜大于（   ）。

    A. 30m   B. 40m   C. 45m   D. 50m

78. 照度的单位是（   ）。

    A. 坎德拉（cd）   B. 尼特（nt）   C. 流明（1m）   D. 勒克斯（1x）

79. 光通量的单位是（   ）。

    A. 坎德拉（cd）   B. 尼特（nt）   C. 流明（1m）   D. 勒克斯（1x）

80. 发光强度的单位是（   ）。

    A. 坎德拉（cd）   B. 尼特（nt）   C. 流明（1m）   D. 勒克斯（1x）

81. 安全出口标志灯和疏散标志灯的安装高度分别以下列（   ）为宜。

    ①安全出口标志灯宜设在距地高度不低于1.5m处；②安全出口标志灯宜设在距地高度不低于2.0m处；③疏散标志灯宜设在离地面1.5m以下的墙面上；④疏散标志灯宜设在离地面1.0m以下的墙面上

    A. ①、③   B. ①、④   C. ②、③   D. ②、④

82. 在下列电光源中，（   ）发光效率最高。

    A. 荧光灯   B. 溴钨灯   C. 白炽灯   D. 钪钠灯

83. 电气照明的重要组成部分是电光源。目前用于照明的电光源，按发光原理可分为两大类：热辐射光源和气体放电光源。气体放电光源具有发光效率高、节能明显和在光色上可满足某些特殊要求之优点。下列光源中，（   ）为非气体放电光源。

    A. 日光灯   B. 卤钨灯   C. 钠灯   D. 金属卤化物灯

84. 在烟囱顶上设置障碍标志灯时，宜将其安装在（   ）。

    A. 低于烟囱口1～1.5m的部位并成三角形水平排列

    B. 低于烟囱口1.5～3m的部位并成三角形水平排列

    C. 高于烟囱口1.5～3m的部位并成三角形水平排列

    D. 高于烟囱口3～6m的部位并成三角形水平排列

85. 下面（   ）方法不能作为照明的正常节电措施。

    A. 采用高效光源   B. 降低照度标准

    C. 气体放电灯安装电容器   D. 采用光电控制室外照明

86. 电力系统一点（通常是中性点）直接接地；电气装置的外露可导电部分通过保护线与电力系统的中性点连接，这种系统称为（   ）。

A. TT 系统　　　　　B. TN 系统　　　　　C. IT 系统　　　　　D. 保护接地系统

87. 下列的电力系统接地形式以及电气设备外露可导电部分的保护连接形式中，符合 IT 系统的要求的是（　　）。

A. 电力系统一点（通常是中性点）直接接地

B. 电气装置的外露可导电部分通过保护线与电力系统的中性点连接

C. 电力系统所有带电部分与地绝缘或一点经阻抗接地；电气装置的外露可导电部分直接接地（与电力系统的任何接地点无关）

D. 电力系统一点直接接地；电气装置的外露可导电部分直接接地（与电力系统的任何接地点无关）

88. 下列的电力系统接地形式以及电气设备外露可导电部分的保护连接形式中，符合 TT 系统的要求的是（　　）。

A. 电力系统一点（通常是中性点）直接接地；电气装置的外露可导电部分直接接地（与电力系统的任何接地点无关）

B. 电气装置的外露可导电部分通过保护线与电力系统的中性点连接

C. 电力系统所有带电部分与地绝缘或一点经阻抗接地

D. 电力系统所有带电部分与地绝缘或一点经阻抗接地；电气装置的外露可导电部分直接接地（与电力系统的任何接地点无关）

89. 当电流自故障接地点流入地下时，人体距离故障接地点的远近与可能承受到的跨步电压之间的关系是（　　）。

A. 人体距离故障接地点愈近，可能承受的跨步电压愈小

B. 人体距离故障接地点愈近，可能承受的跨步电压愈大

C. 人体可能承受的跨步电压与人体距离故障接地点的距离呈正比

D. 人体可能承受的跨步电压与人体距离故障接地点的距离无关

90. 当有电流在接地点流入地下时，电流在接地点周围土壤中产生电压降。人在接地点周围，两脚之间出现的电压称为（　　）。

A. 跨步电压　　　　　B. 跨步电势　　　　　C. 临界电压　　　　　D. 故障电压

91. 插头与插座应按规定正确接线，下列接法中正确是（　　）。

A. 插座的保护接地（零）极单独与保护线连接

B. 在插头内将保护接地（零）极与工作中性线连接在一起

C. 在插座内将保护接地（零）极与工作中性线连接在一起

D. 插座的保护接地（零）极与水管或暖气管连接

92. 大部分的低压触电死亡事故是由（　　）造成的。

A. 电伤　　　　　B. 摆脱电流　　　　　C. 电击　　　　　D. 电烧伤

93. 皮肤金属化属于（　　）。

A. 直接接触电击　　　　　　　　　　B. 间接接触电击

C. 电伤　　　　　　　　　　　　　　D. 电弧烧伤

94. 当设备发生碰壳漏电时，人体接触设备金属外壳所造成的电击称作（　　）。
    A．直接接触电击　　　　　　　　　　B．间接接触电击
    C．静电电击　　　　　　　　　　　　D．非接触电击

95. 从防止触电的角度来说，绝缘、屏护和间距是防止（　　）的安全措施。
    A．电磁场伤害　　　　　　　　　　　B．间接接触电击
    C．静电电击　　　　　　　　　　　　D．直接接触电击

96. 把电气设备正常情况下不带电的金属部分与电网的保护零线进行连接，称作（　　）。
    A．保护接地　　　B．保护接零　　　C．工作接地　　　D．工作接零

97. 保护接零属于（　　）系统。
    A．IT　　　　　　B．TT　　　　　　C．TN　　　　　　D．三相三线制

98. 在实施保护接零的系统中，工作零线即中线，通常用____表示；保护零线即保护导体，通常用____表示。若一根线既是工作零线又是保护零线，则用____表示。（　　）
    A．N；PEN；PE　　　　　　　　　　B．PE；N；PEN
    C．N；PE；PEN　　　　　　　　　　D．PEN；N；PE

99. 行灯电压不得超过____，在特别潮湿场所或导电良好的地面上，若工作地点狭窄（如锅炉内、金属容器内），行动不便，行灯电压不得超过____。（　　）
    A．36V；12V　　B．50V；42V　　C．110V；36V　　D．50V；36V

100. 在一般情况下，人体电阻可以按（　　）考虑。
    A．50～100Ω　　　B．800～1000Ω　　C．100～500kΩ　　D．1～5MΩ

101. 漏电保护器其额定漏电动作电流在（　　）者属于高灵敏度型。
    A．30mA～1A　　B．30mA 及以下　　C．1A 以上　　　D．1A 以下

102. 携带式电气设备的绝缘电阻不应低于（　　）。
    A．5MΩ　　　　　B．1MΩ　　　　　C．2MΩ　　　　　D．0.5MΩ

103. 当电气设备不便于绝缘或绝缘不足以保证安全时，应采取屏护措施。变配电设备应有完善的屏护装置。露天或半露天变电站的变压器四周应设不低于____高的固定围栏（墙）。变压器外廓与围栏（墙）的净距不应小于____。（　　）
    A．1.4m；0.8m　　　　　　　　　　B．1.7m；0.8m
    C．1.7m；0.3m　　　　　　　　　　D．1.4m；0.3m

104. 为了保证在故障条件下形成故障电流回路，从而提供自动切断条件，保护导体在使用中是（　　）的。
    A．允许中断　　　　　　　　　　　　B．不允许中断
    C．允许接入开关电器　　　　　　　　D．自动切断

105. 低压线路零线（中性线）每一重复接地装置的接地电阻不应大于（　　）。
    A．4Ω　　　　　　B．10Ω　　　　　　C．50Ω　　　　　　D．100Ω

106. 在建筑物的进线处将 PE 干线、接地干线、进水管、总煤气管、采暖和空调竖管、建筑物构筑物金属构件和其他金属管道、装置外露可导电部分等相连接。此措施称为（   ）。

    A. 过载保护   B. 主等电位连接

    C. 不导电环境   D. 辅助等电位连接

107. 消防应急灯具的应急转换时间应不大于____；高度危险区域使用的消防应急灯具的应急转换时间不大于____。

    A. 15s；5s   B. 5s；0.5s   C. 5s；0.25s   D. 2.5s；0.25s

108. 感知电流是（   ）。

    A. 引起人有感觉的最小电流   B. 引起人有感觉的电流

    C. 引起人有感觉的最大电流   D. 不能够引起人感觉的最大电流

109. 摆脱电流是人触电后（   ）。

    A. 能自行摆脱带电体的最小电流   B. 能自行摆脱带电体的电流

    C. 能自行摆脱带电体的最大电流   D. 不能自行摆脱带电体的最大电流

110. 室颤电流是通过人体（   ）。

    A. 引起心室发生纤维性颤动的电流

    B. 不能引起心室发生纤维性颤动的最小电流

    C. 引起心室发生纤维性颤动的最大电流

    D. 引起心室发生纤维性颤动的最小电流

111. 在 IT 系统中，凡由于绝缘损坏或其他原因而可能呈现危险电压的金属部分，除另有规定外，均应接（   ）。

    A. 零   B. PEN   C. 地   D. N

112. 采用 TT 系统必须装设（   ），并优先采用前者。

    A. 剩余电流保护装置或过电流保护装置

    B. 过电流保护装置或剩余电流保护装置

    C. 熔断器或剩余电流保护装置

    D. 熔断器或过电流保护装置

113. 有爆炸危险环境、火灾危险性大的环境及其他安全要求高的场所的保护接零应采用（   ）系统。

    A. TN—C—S   B. TN—C

    C. TN—C—S 或 TN—C   D. TN—S

114. 对于相线对地电压 220V 的 TN 系统，手持式电气设备和移动式电气设备末端线路或插座回路的短路保护元件应保证故障持续时间不超过（   ）。

    A. 0.1s   B. 0.4s   C. 0.5s   D. 5s

115. 剩余电流保护装置的额定剩余不动作电流不得低于额定动作电流的（   ）。

A. 1/5   B. 1/4   C. 1/3   D. 1/2

116. 下列有关使用漏电保护器的说法，正确的是（   ）。
A. 漏电保护器既可用来保护人身安全，还可用来对低压系统或设备的对地绝缘状况起到监督作用
B. 漏电保护器安装点以后的线路不可对地绝缘
C. 漏电保护器在日常使用中不可在通电状态下按动实验按钮来检验其是否灵敏可靠
D. 在 TN 配电系统，电器设备可以不用装设漏电保护器

117. 当采取停电工作方式进行电气装置的检查、维护以及修理时，应在控制电气装置用电的刀闸或开关上挂设（   ）。
A. "止步，高压危险"警告标志   B. 工作人员名单
C. 操作规程   D. "禁止合闸，有人工作"警告标志

118. 消防应急灯具的应急工作时间应不小于（   ），且不小于灯具本身标称的应急工作时间。
A. 15min   B. 30min   C. 60min   D. 90min

119. （   ）的工频电流可使人遭到致命电击，神经系统受到电流强烈刺激，引起呼吸麻痹。
A. 5mA   B. 50mA   C. 100mA   D. 200mA

120. 被电击的人能否获救，关键在于（   ）。
A. 触电的方式   B. 人体电阻的大小
C. 触电电压的高低   D. 能否尽快脱离电源和施行紧急救护

121. 落地安装的配电柜（箱）底面应高出地面（   ）。
A. 10～20mm   B. 20～50mm   C. 50～100mm   D. 80～150mm

122. 绝缘的电气指标主要是绝缘电阻，任何情况下绝缘电阻不得低于每伏工作电压（   ）。
A. 100Ω   B. 500Ω   C. 1000Ω   D. 1500Ω

123. 三线电缆中的红线代表（   ）。
A. 工作零线   B. 相线   C. PN 线   D. 接地线

124. 在对地电压为 220V 的 TN 系统，配电线路或固定电气设备的末端线路应保证故障持续时间不超过（   ）。
A. 5s   B. 8s   C. 10s   D. 15s

125. 在 380V 不接地低压系统中，要求保护接地电阻不大于（   ）。
A. 1Ω   B. 2Ω   C. 4Ω   D. 10Ω

126. 在 TN 系统中，以下做法不正确的是（   ）。
A. 保护零线与工作零线可以共用

B. 设备采用保护接零的方式

C. 在同一接零系统中，不允许部分设备只接地、不接零的做法

D. 保护零线上应安装熔断器

127. 我国对人身遭受电击的安全电压有具体的规定，在潮湿的环境中，潮湿的地面、墙壁，潮湿的皮肤，安全电压规定为（   ）。

A. 不大于 50V   B. 不大于 36V   C. 不大于 24V   D. 交流 6V

128. 下列（   ）设备宜设漏电保护，自动切断电源。

A. 消防水泵

B. 火灾应急照明

C. 防排烟风机

D. 环境特别恶劣或潮湿场所（如食堂、地下室、浴室等）的电气设备

129. 为了防止人身受到电击（触电），一般应将电气设备的金属外壳进行保护接地。但在某些条件下，按照规范规定可不进行保护接地。下列（   ）可不进行保护接地。

A. 10/0.4kV 降压变压器   B. 500V 电缆的金属外皮

C. 220V 金属配电箱   D. 干燥场所 50V 以下的电气设备

130. 当人员触及已有绝缘损坏的电气设备或家用电器的金属外壳时，由于设备漏电可能会受到电击。为了防止人身受到电击伤害，在下列（   ）设备上应装设漏电电流动作保护器（漏电开关）。

A. 固定安装的通风机   B. 插座

C. 吊灯上装设的照明灯具   D. 机床

131. 下列用电设备中，（   ）是不需要装设漏电保护的。

A. 手提式及移动式用电设备   B. 环境特别恶劣或潮湿场所的电气设备

C. 住宅中的插座回路   D. 一般照明回路

132. 下列叙述中（   ）答案是正确的。

①交流安全电压是指电压在 65V 以下的电压；②消防联动控制设备的直流控制电源电压应采用 24V；③变电站内高低压配电室之间的门宜为双向开启；④大型民用建筑工程的应急柴油发电机房应尽量远离主体建筑，以减少噪声、震动和烟气的污染

A. ①、②   B. ①、④   C. ②、③   D. ②、③、④

133. 采用接地故障保护时，在建筑物内下列（   ）导电体可不作总等电位连接。

A. PE（接地）、PEN（保护）干线

B. 电气装置接地极的接地干线

C. 建筑物内的水管、煤气管、采暖和空调管道等金属管道

D. 金属防盗门

134. 住宅建筑家用电器回路漏电电流宜采用（   ）。

A. 150mA   B. 30mA   C. 100mA   D. 300mA

135. 保护接零系统按照中性线和保护线的组合情况有三种形式，包括（   ）系统。
    A. TN—C、TN—C—S 和 TN—S   B. TN—S、TN—S—C 和 TN—C
    C. TN—C、TT 和 IT   D. TN、TT 和 IT

136. 雷电活动是在（   ）特定条件下产生的。
    A. 气象、地形   B. 气象、地貌
    C. 气象、地质   D 气象、地质、地形、地貌

137. 雷电活动是在特定的条件下产生的（   ）。
    A. 大气放电现象   B. 大地放电现象
    C. 大气与大地共同放电现象   D. 以上都不对

138. 建筑物防雷的目的是（   ）。
    ①保护建筑物内部的人身安全；②防止建筑物被破坏；③保护建筑物内部的危险品，防损坏、燃烧及爆炸；④保护建筑物内部的机电设备和电气线路不受损坏
    A. ①、②   B. ①、④   C. ②、③   D. ①、②、③、④

139. 侧击雷的雷击点不在建筑物的顶部而在其侧面。它产生（   ）雷电危害。
    A. 直击雷过电压   B. 感应雷过电压
    C. 雷电侵入波   D. 内击雷

140. 装设避雷针、避雷线、避雷网、避雷带都是防护（   ）的主要措施。
    A. 雷电侵入波   B. 直击雷   C. 反击   D. 二次放电

141. 关于民用建筑物防雷设计，（   ）叙述是不正确的。
    A. 防雷设计应根据地质、地貌、气象、环境等条件采取适当的防雷措施
    B. 防雷设计应尽可能利用建筑物金属导体作为防雷装置
    C. 应优先采用装有放射性物质的接闪器
    D. 民用建筑按《民用建筑电气设计规范》（JGJ 16—2008），装设防雷装置后，将会防止或极大地减少雷击损失，但不能保证绝对的安全。

142. 在低压系统中，雷电侵入波造成的危害事故所占总雷害事故的比例不低于（   ）。
    A. 10%   B. 30%   C. 50%   D. 70%

143. （   ）是各种变配电装置防雷电侵入波的主要措施。
    A. 采用（阀型）避雷器   B. 采用避雷针
    C. 采用避雷带   D. 采用避雷网

144. 雷暴时，人们应该（   ）。
    A. 尽量减少在户外或野外逗留   B. 进人宽大金属构架的建筑物
    C. 尽量站在小山或小丘中间   D. 避开铁丝网、孤独的树木

145. 利用金属屋面做接闪器并需防金属板雷击穿孔时，根据材质要求有一定厚度，在下列答案中，（   ）是正确的。

A．铁板 2mm、铜板 4mm、铝板 5mm 　　B．铁板 4mm、铜板 5mm、铝板 7mm

C．铁板、铜板、铝板均匀 5mm 　　D．铁板 5mm、铜板 4mm、铝板 6mm

146. 防直击雷装置的引下线均不应少于两根，且可利用柱子中的主钢筋。其中二类防雷的引下线间距不得大于（　　）。

A．18m 　　B．20m 　　C．25m 　　D．30m

147. 为了防止雷电波侵入，一类防雷建筑要求进入建筑物的各种电气线路及金属管道尽量采用全线埋地引入，并在入户端接地。如电气线路不能全线埋地，则必须在入户前有一段长度不小于（　　）的埋地电缆作为进线保护。

A．5m 　　B．10m 　　C．15m 　　D．20m

148. 对于高层民用建筑，为防止直击雷，应采用下列（　　）措施。

A．独立避雷针

B．采用装有放射性物质的接闪器

C．避雷针

D．采用装设在屋角、屋脊、女儿墙或屋檐上的避雷带，并在屋面上装一定的金属网格

149. 关于防雷的术语中，下述（　　）是不正确的。

A．防雷装置：接闪器和接地装置的总和

B．接闪器：避雷针、避雷带、避雷网等直接接受雷击部分，以及用作接闪器的技术屋面和金属构件

C．接地体：埋入土中或混凝土中作散流用的导体

D．直击雷：雷电直接击在建筑物上，产生电效应、热效应和机械力

150. 避雷针采用圆钢或焊接钢管制成，对于其直径的要求，下述（　　）是错误的。

A．当采用圆钢且针长在 1m 以下时，其直径不应小于 8mm

B．当采用圆钢且针长在 1～2m 以下时，其直径不应小于 16mm

C．当采用钢管且针长在 1m 以下时，其直径不应小于 20mm

D．当采用钢管且针长在 1～2m 以下时，其直径不应小于 25mm

151. 避雷带或避雷网采用圆钢或扁钢制成，其尺寸要求（　　）是正确。

A．圆钢直径不小于 12mm

B．扁钢截面积不小于 $64mm^2$

C．扁钢厚度不小于 4mm

D．烟囱顶上的避雷环所采用的扁钢厚度不小于 5mm

152. 采用圆钢作为引下线时，圆钢的直径不应小于（　　）。

A．6mm 　　B．8mm 　　C．10mm 　　D．12mm

153. 接地装置可使用自然接地体和人工接地体，当采用人工接地体时，圆钢的直径不应小于（　　）。

A．6mm 　　B．8mm 　　C．10mm 　　D．12mm

154. 第三类防雷建筑物的防直击雷措施中,应在屋顶设避雷网时,避雷网的尺寸不应大于( )。

    A. 5m×5m   B. 10m×10m   C. 15m×15m   D. 20m×20m

155. 为了防止侧击雷的袭击,高度( )以上的金属门窗和栏杆应直接或通过预埋铁件与防雷装置相连。

    A. 20m   B. 25m   C. 40m   D. 30m

156. 下列防雷措施中,不适用于一类防雷建筑物的是( )。

    A. 在屋角、屋脊、女儿墙上设避雷带,并在屋面上敷设不大于 10m×10m 的网格

    B. 利用建筑物钢筋混凝土中的钢筋作为防雷装置的引下线,间距小于 18m

    C. 建筑物高度超过 30m 时,30m 及以上部分应采取防侧击雷和等电位措施

    D. 当基础采用以硅酸盐为基料的水泥和周围土壤的含水量不低于 4%及基础的外表面无防腐层或有沥青质的防腐层时,钢筋混凝土基础的钢筋宜作为接地装置

157. 防直击雷接地( )和防雷电感应、电气设备、信息系统等接地,( )共用同一接地装置,与埋地金属管道相连。

    A. 应、应   B. 宜、宜   C. 应、宜   D. 宜、应

158. 建筑物分为一类、二类、三类防雷建筑物。下列建筑物中,( )不需要计算,即可确定为第二类防雷建筑物。

    A. 多层住宅   B. 金属加工车间

    C. 高度为 20m 的烟筒   D. 办公楼

159. 建筑物根据其重要性、使用性质、发生雷电事故的可能性和后果,按防雷要求分为( )。

    A. 二类   B. 三类   C. 四类   D. 五类

160. 二类防雷建筑物利用建筑物的钢筋作为防雷装置时,单根钢筋或圆钢或外引预埋连接板、线与上述钢筋的连接应( )。

    A. 焊接、螺栓紧固的卡夹器连接

    B. 焊接、绑扎法连接

    C. 螺栓紧固的卡夹器连接、绑扎法连接

    D. 绑扎法连、压接

161. 二类防雷建筑物高度超过 45m 的钢筋混凝土结构、钢结构建筑物,应采取防侧击和等电位的保护措施,以下( )是错误的。

    A. 钢构架和混凝土的钢筋应互相连接

    B. 应利用钢柱或柱子钢筋作为防雷装置引下线

    C. 应将 45m 及以上外墙上的栏杆、门窗等较大的金属物与防雷装置连接

    D. 竖直敷设的金属管道及金属物的底端与防雷装置连接

162. 建筑物的钢筋混凝土基础可作为防雷接地装置,下列要求中( )是错误的。

A．基础采用以硅酸盐为基料的水泥

B．基础中单根钢筋其直径不小于 10mm

C．基础的外表面无防腐层或有沥青质的防腐层

D．基础周围土壤的含水量不低于 20%

163．符合规范要求时，应尽量利用钢筋混凝土基础中的钢筋作为接地装置，下述要求中（   ）是错误的。

①基础周围土壤的含水量不低于 4%；②基础外表面不应有沥青质的防腐层；③采用以硅酸盐为基料的水泥；④基础内用以导电的钢筋不应采用绑扎连接，必须焊接

A．①、②　　　　　B．①、③　　　　　C．③、④　　　　　D．②、④

164．在（   ）条件下，钢筋混凝土基础内钢筋宜作接地装置。

A．硅酸盐水泥、低碳钢筋

B．硅酸盐水泥、冷拔钢筋、基础周围土层含水率不低于 4%

C．硅酸盐水泥、基础周围土层含水率不低于 4%、基础表面无防腐层

D．硅酸盐水泥、基础周围土层含水率不低于 4%、基础表面无防腐层或有沥青质防腐层

165．建筑物对感应雷的防护措施是（   ）。

A．在屋角、屋脊等处装设避雷带，并加设金属网格

B．建筑物内钢构架和钢筋混凝土内的钢筋应互相连接

C．建筑内金属物体接地:金属屋面或屋面的钢筋连接成闭合回路并接地，建筑内的竖向金属管道与圈梁内钢筋或均压环连接

D．进入建筑物的电气线路及金属管道全线或部分埋地引入

166．建筑物防雷电波侵入的措施是（   ）。

A．设避雷针、避雷线、避雷带等

B．利用钢柱或钢筋混凝土柱内钢筋作为防雷装置引下线

C．建筑内部金属物或金属管道与圈梁钢筋或均压环连接

D．对进入建筑物的金属管道或电气线路全线或部分埋地引入并接地，对于低压架空线路的进出线处设避雷器并接地

167．建筑物采用如下防雷措施，应作出的合理选择为（   ）。

A．避雷针采用直径 16mm 圆钢，引下线采用直径 8mm 圆钢，接地极采用厚度 4mm 角钢，接地极之间距离 5m

B．避雷针采用直径 20mm 钢管，引下线采用厚度 4mm 角钢，接地极采用直径 12mm 圆钢，接地极之间距离 4m

C．避雷针采用厚度 4m 扁钢，引下线采用直径 20 mm 圆钢，接地极采用厚度 4mm 扁钢，接地极之间距离 3m

D．避雷针采用厚度 4mm 角钢，引下线采用厚度 4mm 扁钢，接地极采用厚度 4mm 铝带，接地极之间距离 2m

第七章 建 筑 弱 电

1. 火灾自动报警系统保护对象应根据其使用性质、火灾危险性，疏散和扑救难度等分为（　　）。

    A. 一级和二级　　　　　　　　　B. 一级、二级和三级

    C. 特级、一级和二级　　　　　　D. 特级、一级、二级和二级

2. 火灾自动报警系统保护对象应根据其（　　）等分为特级、一级和二级。

    A. 使用性质、火灾危险性、疏散和扑救难度

    B. 重要性、火灾时的危险性、疏散和扑救难度

    C. 使用性质、重要性、火灾时的危险性

    D. 使用性质、重要性、疏散和扑救难度

3. 消防用电设备的配电线路，当采用穿金属管保护，暗敷在非燃烧体结构内时，其保护层厚度不应小于（　　）。

    A. 2cm　　　　　　B. 2.5cm　　　　　　C. 3cm　　　　　　D. 4cm

4. 下述（　　）建筑要设置火灾报警与消防联动控制系统。

    A. 8 层的住宅　　　　　　　　　B. 高度 21m 的办公楼

    C. 高度 20m 的单层剧院　　　　　D. 30m 高的体育馆

5. 对于 $12m < h < 20m$ 的大厅，可选的火灾探测器是（　　）。

    A. 离子感烟探测器　　　　　　　B. 光电感烟探测器

    C. 感温探测器　　　　　　　　　D. 火焰探测器

6. 对于 $8m < h \leqslant 12m$ 的房间，可选的火灾探测器是（　　）。

    A. 感烟探测器、感温探测器

    B. 感烟探测器、火焰探测器

    C. 感温探测器、火焰探测器

    D. 感烟探测器、感温探测器、火焰探测器

7. 下列场所，宜选择点型感烟探测器的是（　　）。

    A. 办公室、电子计算机房、发电机房

    B. 办公室、电子计算机房、汽车库

    C. 楼梯、走道、厨房

    D. 教学楼、通信机房、书库

8. 在高层民用建筑中，下述不宜装设离子感烟探测器的房间是（　　）。

    A. 配电室　　　　　B. 空调机房　　　　　C. 电梯前室　　　　　D. 厨房

9. 在下列情形的场所中，不宜选用火焰探测器的情况是（   ）。

    A. 火灾时有强烈的火焰辐射

    B. 探测器易受阳光或其他光源的直接或间接照射

    C. 需要对火焰做出快速反应

    D. 无阴燃阶段的火灾

10. 在下列有关火灾探测器的安装要求中（   ）有误。

    A. 探测器至端墙的距离，不应大于探测器安装间距的一半

    B. 探测器至墙壁、梁边的水平距离，不应少于 0.5m

    C. 探测器周围 1m 范围内，不应有遮挡物

    D. 探测器至空调送风口的水平距离，不应小于 1.5m，并宜接近风口安装

11. 在下列叙述中（   ）是错误的。

    A. 一类高层建筑的消防用电设备的供电，应在最末一级配电箱处设置自动切换装置

    B. 一类高层建筑的自备发电设备，应设有自动启动装置，并能在 60s 内供电

    C. 消防用电设备应采用专用的供电回路

    D. 消防用电设备的配电回路和控制回路宜按防火分区划分

12. 建筑物的消防控制室应设在下列（   ）位置是正确的。

    A. 设在建筑物的顶层

    B. 设在消防电梯前室

    C. 宜设在首层或地下一层，并应设置通向室外的安全出口

    D. 可设在建筑物内任意位置

13. 火灾自动报警系统的传输线路，应采用铜芯绝缘导线或铜芯电缆，其电压等级不应低于（   ）。

    A. 交流 110V   B. 交流 220V   C. 交流 250V   D. 交流 340V

14. 下列（   ）场所不应设火灾自动报警系统。

    A. 敞开式汽车库

    B. Ⅰ类汽车库

    C. Ⅱ类地下汽车库

    D. 高层汽车库以及机械式立体汽车库、复式汽车库、采用升降梯作汽车疏散出口的汽车库

15. 在下列建筑部位中，（   ）不应设火灾事故照明。

    A. 封闭楼梯间   B. 防烟楼梯间   C. 客梯前室   D. 消防电梯前室

16. 消防联动控制装置的直流电源电压，应采用（   ）。

    A. 36V   B. 24V   C. 12V   D. 6V

17. 火灾自动报警系统的操作电源电压采用（   ）。

    A. 交流 50V   B. 直流 50V   C. 交流 24V   D. 直流 24V

18. 关于火灾应急广播扬声器的设置下列叙述中（　　）是错误的。

    A．在公共走道和大厅的民用建筑扬声器的额定功率大于 3W

    B．当环境噪声大于 60dB，场所的播放最远点的声压级应高于背景噪声 15dB

    C．客房扬声器功率小于 1W

    D．走道最后一个扬声器至走道最末端的距离小于 12.5m

19. 设置在走道和大厅等公共场所的火灾应急广播扬声器的额定功率不应小于 3W，其数量应能保证（　　）。

    A．从一个防火分区的任何部位到最近一个扬声器的距离不大于 20m

    B．从一个防火分区的任何部位到最近一个扬声器的距离不大于 25m

    C．从一个防火分区的任何部位到最近一个扬声器的距离不大于 30m

    D．从一个防火分区的任何部位到最近一个扬声器的距离不大于 15m

20. 一类防火建筑中，下列（　　）位置不需要设置疏散指示标志灯。

    A．剧场通向走廊的出口　　　　　　　　B．通行走廊的公共出口

    C．楼梯间各层出口　　　　　　　　　　D．电梯机房的出口

21. 发生火灾后消防系统应自动开始联动动作，下述联动不正确的是（　　）。

    A．接到一个独立的火灾信号后启动消防水泵

    B．电动防火帘得到火灾信号后先下降到 1.8m 处

    C．得到火灾信号后电动防火门关闭

    D．探测器发出火灾信号后排烟阀开启，空调机关闭、开启相关的排烟风机和正压送风机

22. 消防联动对象应包括（　　）。

    ①灭火设施；②防排烟设施；③防火卷帘、防火门、水幕；④电梯、非消防电源的断电控制等

    A．①、②、③、④　　　　　　　　　　B．①、②、③

    C．②、③、④　　　　　　　　　　　　D．①、②、④

23. 下列（　　）部位可不设置消防专用电话分机。

    A．消防值班室、消防水泵房　　　　　　B．备用发电机房、配变电室

    C．主要通风和空调机房、排烟机房　　　D．卫星电视机房

24. 消防联动设备的直流设备在接收到火灾报警信号后，应在多少时间内发出联动控制信号？（　　）

    A．1s　　　　　　B．3s　　　　　　C．1min　　　　　　D．10min

25. 消防联动设备在接到火警信号后在 3s 内发出控制信号，特殊情况与要设置延迟时间时，最大延迟时间不应超过（　　）。

    A．5min　　　　　B．10min　　　　　C．15min　　　　　D．18min

26. 自动报警按钮和消火栓的位置在每个防火区均不能超过（　　）。

A. 10m   B. 15m   C. 30m   D. 40m

27. 疏散道上的防卷帘在感温探测器动作后应下降到（   ）。
    A. 距地面1.8m   B. 距地面1.2m
    C. 动作   D. 降到底

28. 防火区内走道最后一个扬声器至走道末端的距离不应大于（   ）。
    A. 25m   B. 20m   C. 12.5m   D. 5m

29. 关于电话站技术用房位置的下述说法（   ）是不正确。
    A. 不宜设在浴池、卫生间、开水房及其他容易积水房间的附近
    B. 不宜设在水泵房、冷冻空调机房及其他有较大震动的场所附近
    C. 不宜设在锅炉房、洗衣房以及空气中粉尘含量过高或有腐蚀性气体、腐蚀性排泄物等场所的附近
    D. 宜靠近配变电站设置，在变压器室、配电室楼上、楼下或隔壁

30. 扩音控制室的下列土建要求中（   ）是错误的。
    A. 镜框式剧场扩声控制室宜设在观众厅后部
    B. 体育馆内扩声控制室宜设在主席台侧
    C. 报告厅扩声控制室宜设在主席台侧
    D. 扩声控制室不应与电气设备机房上、下、左、右贴邻布置

31. 演播室及播音室的隔音门及观察窗的隔声量每个应不少于（   ）。
    A. 40dB   B. 50dB   C. 60dB   D. 80dB

32. 扩声系统控制室应能通过观察窗通视到（   ）。
    A. 舞台活动区及大部分观众席   B. 整个主席台
    C. 整个观众席   D. 舞台和观众席全部

33. 电话站技术用房应采用（   ）。
    A. 水磨石地面   B. 防滑地砖
    C. 防静电的活动地板或塑料地面   D. 无要求的地面

34. 下面（   ）不属于电信系统中的信源。
    A. 语言   B. 人   C. 机器   D. 计算机

35. 扩声控制室的室内最低净距离为（   ）。
    A. 2.8m   B. 3.0m   C. 3.2m   D. 3.5 m

36. 下面（   ）不属于扩声系统的主要技术指标。
    A. 最大声压级   B. 最高可增益   C. 照度   D. 声反馈

37. 民用建筑扬声器在走廊门厅及公共活动场所的背景音乐业务广播应采用（   ）。
    A. 1～2W   B. 3～5W   C. 10W   D. 15W

38. 关于译音室位置，下面（   ）叙述是错误的。

   A. 通常设在会场背后或左右两侧，最佳位置是远离主席台

   B. 译音室的室内面积应能并坐两个译员

   C. 其最小尺寸不宜小于 2.5m×2.4m×2.3m（长×宽×高）

   D. 观察窗应设计成中间有空气层的双层玻璃隔音窗

39. 旅馆的广播控制室应设在（   ）。

   A. 靠近业务主管部门   B. 与电视播放室合并

   C. 靠近交通调度室   D. 靠近消防控制室

40. 扩声系统通常由（   ）组成。

   A. 节目源、调音台、信号处理设备

   B. 节目源、调音台、功放、扬声器

   C. 调音台、信号处理设备、功放、扬声器

   D. 节目源、调音台、信号处理设备、功放、扬声器

41. 共用天线电视系统（CATV）接收天线位置的选择，下述（   ）原则不恰当。

   A. 宜设在电视信号场强较强，电磁波传输路径单一处

   B. 应远离电气化铁路和高压电力线处

   C. 必须接近大楼用户中心处

   D. 尽量靠近 CATV 的前端设备处

42. 电缆电视系统的信号在用户终端的强度应为（   ）。

   A. 30dB   B. 70dB   C. 100dB   D. 120dB

43. 有线电视系统设施工作的室内环境温度为（   ）。

   A. $-40\sim35℃$ B. $-10\sim35℃$ C. $-10\sim55℃$ D. $-5\sim40℃$

44. 自办节目功能的前端机房，播出节目在 10 套以下，前端机房的使用面积为（   ）m^2。

   A. 10   B. 20   C. 30   D. 15

45. 有线电视系统是由（   ）组成。

   A. 前端部分，放大部分和分配部分   B. 前端部分，均衡部分和分配部分

   C. 前端部分，传输部分和分配部分   D. 前端部分，均衡部分和终端部分

46. 关于保安闭路监视系统，下述说法（   ）不正确。

   A. 闭路监视信号与电缆电视信号是同一类信号，因而可以用同一根电缆传输

   B. 闭路监视信号是视频信号，可以用同轴电缆，也可以调制成射频信号用射频电缆传输

   C. 闭路监视控制室宜设在环境噪声和电磁干扰小的地方

   D. 监控室对温度、湿度有较高的要求，故应设空调

47. 闭路电视系统一般由摄像、传输、显示和控制 4 个主要部分组成，根据具体工程要求可按（   ）原则确定。

①在一处监视一个固定目标时，宜采用单头单尾型；②在多处监视同一固定目标时，宜装置视频分配器，采用单头多尾型；③在一处集中监视多个目标时，宜装置视频切换器，采用多头单尾型；④在多处监视多个目标时，宜结合对摄像机功能遥控的要求，设置多个视频分配切换装置或者矩阵连接网络，采用多头多尾型

A. ①、②、③   B. ①、②、④

C. ①、②、③、④   D. ②、③、④

48. 关于摄像机安装，下面叙述错误的是（　　　）。

    A. 室内摄像机安装高度以 2.5～5m 为宜

    B. 室外摄像机安装高度以 3.5～10m 为宜，不得低于 3.5m

    C. 摄像机镜头应逆光源对准监视目标

    D. 摄像机应避免强光直射，镜头视场内不得有遮挡监视目标的物体

49. 闭路应用电视系统摄像机应安装在监视目标附近不易受外界损伤的地方，安装高度室内以 2.5～5m 为宜，室外不得低于（　　　）。

    A. 3m   B. 3.5m   C. 5m   D. 6m

50. 智能建筑一般不包括（　　　）。

    A. 办公自动化   B. 设备自动化   C. 通信自动化   D. 综合布线

51. 建筑物内综合布线系统的设备间和交接间对建筑物的要求是不包括（　　　）。

    A. 设备间应处于建筑物的中心位置，便于干线线缆的上下布置

    B. 设备间应采用防静电的活动地板，并架空 0.25～0.3m 高度

    C. 交接间应避免电磁源的干扰，并安装电阻不大于 4Ω 的接地装置

    D. 干线交接间和二级交接间内，凡要安装布线硬件的部位，墙壁上应涂阻燃漆

52. 交接间应有良好的通风。安装有源设备时，室温宜保持在＿＿＿。相对湿度宜保持在＿＿＿。（　　　）

    A. 10～20℃；50～70℃   B. 10～30℃；20～80℃

    C. 10～20℃；20～80℃   D. 20～30℃；50～70℃

53. 下面（　　　）系统不属于安全防范系统。

    A. 防盗报警系统   B. 防雷接地系统

    C. 电子巡更系统   D. 停车库管理系统

54. 下面（　　　）不属于安全防范的范畴。

    A. 电话系统   B. 防盗报警系统

    C. 电脑显示器   D. 大屏幕投影仪

55. 关于巡更管理系统的组成，下列叙述正确的是（　　　）。

    A. 由巡更站点开关、信息采集器、计算器及软件组成

    B. 由信息钮、信息采集器、信息传输器、计算器及软件组成

    C. 由巡更站点开关、信息采集器、信息传输器及软件组成

D. 由信息钮、信息采集器、计算器及软件组成

56. 关于出入口控制系统的基本形式，下列叙述错误的是（　　　）。
    A. 接触式刷卡装置　　　　　　　　B. 非接触感应式刷卡装置
    C. 指纹识别　　　　　　　　　　　D. 数字键盘装置

57. 停车场管理系统划分不包含（　　　）。
    A. 车辆自动识别系统　　　　　　　B. 收费子系统
    C. 保安监控子系统　　　　　　　　D. 自动识别系统

58. 建筑设备自控系统的监控中心设置在（　　）是不允许的。
    A. 环境安静　　　　　　　　　　　B. 地下层
    C. 靠近变电站、制冷机房　　　　　D. 远离易燃易爆场所

59. 关于计算机房的下述说法（　　　）不正确。
    A. 业务用计算机电源属于一级电力负荷
    B. 计算机房应远离易燃易爆场所及振动源
    C. 为取电方便应设在配电室附近
    D. 计算机房应设独立的空调系统或在空调系统中设置独立的空气循环系统

60. 下面叙述不正确的是（　　　）。
    A. 建筑物自动化中型系统的监控点数为 161～651 个
    B. 常用的计算机网络的拓扑结构有三种:总线型、星型、环型
    C. 计算机主机房内的噪声，在计算机系统停机的条件下，在主操作员位置测员应小于 68dB
    D. 访客对讲系统分为单对讲型和可视对讲型两种系统

61. 将非电量转换为电量的器件，通常称为（　　　）。
    A. 变换器　　　　B. 检测器　　　　C. 传感器　　　　D. 感应器

62. 空调系统是现代建筑的（　　　）。
    A. 组成部分　　　　　　　　　　　B. 基本的组成部分
    C. 重要组成部分　　　　　　　　　D. 专用组成部分

63. 空调制冷时，监控气流通常选距地面（　　　）的空气流速作为监测标准。
    A. 0.5m　　　　　B. 1m　　　　　C. 1.2m　　　　　D. 1.5m

64. 变风量系统由（　　　）部分组成。
    A. 2　　　　　　B. 3　　　　　　C. 4　　　　　　D. 5

65. 变风量空调系统的简称（　　　）。
    A. CAV　　　　　B. VAV　　　　　C. VAC　　　　　D. VAB

66. 冷冻机组，冷冻机出口冷水温度为（　　　）。
    A. 37℃　　　　　B. 32℃　　　　　C. 12℃　　　　　D. 7℃

67. 空调制冷时水平速以（　　）为宜
   A. 0.2m/s   B. 0.3m/s   C. 0.4m/s   D. 0.6m/s

68. 次声波的频率是低于（　　）。
   A. 1Hz   B. 500Hz   C. 100Hz   D. 20Hz

69. 微波是一种频率很高的无限电波，波长一般在（　　）。
   A. 10～5m   B. 5～3m   C. 3～2m   D. 1～0.001m

70. 入侵探测器要有较强的抗干扰能力，对于与射束轴线成（　　）或更大一点的任何外界光源的辐射干扰信号应不产生误报。
   A. 5°   B. 10°   C. 15°   D. 20°

71. 作为传输视频信号的电缆一般选用（　　）。
   A. 双绞线   B. 100Ω 同轴电缆
   C. 75Ω 同轴电缆   D. 150Ω 电缆

72. 现场控制器采用模块化结构，在电源模块中，为控制器提供的工作电压为（　　）。
   A. 9V、DC   B. 18V、DC   C. 24V、AC   D. 24V、DC

73. 我国建设部正式颁布智能建筑国家标准《智能建筑设计标准》是（　　）年。
   A. 1988   B. 2000   C. 2001   D. 2004

74. 楼宇自动化系统简称为（　　）。
   A. FAS   B. CAS   C. BAS   D. SAS

75. BAS 意为（　　）。
   A. 设备自动化系统   B. 安全自动化系统
   C. 楼宇自动化系统   D. 排水自动化系统

76. 智能楼宇中的现场控制器采用计算机技术又称直接数字控制器，简称（　　）。
   A. DVD   B. DDC   C. DSP   D. DCE

77. 控制功能分散，操作管理集中，因此称分散型控制系统，简称集散控制系统，其英文字母是（　　）。
   A. DCS   B. DCE   C. DCP   D. DSS

78. 在楼宇自动化控制系统广泛使用的执行机构是（　　）。
   A. 气动执行机构   B. 液动执行机构
   C. 电动执行机构   D. 混合执行机构

79. 通信自动化系统简称为（　　）。
   A. WAN   B. LAN   C. SAS   D. CAS

80. 综合布线系统简称（　　）。
   A. DGP   B. GCS   C. FCS   D. CNS

81. 综合布线中综合线接地电阻应小于（　　　）。

A. 30Ω B. 20Ω C. 5Ω D. 1Ω

82. 在综合布线系统中，接钎软线或跳线的长度一般不超过（　　　）。

A. 15m B. 10m C. 5m D. 2.5m

83. 综合布线中信息插座的数量的设定一般基本插座（　　　）应设一个。

A. 20m^2 B. 10m^2 C. 8m^2 D. 5m^2

84. 综合布线的楼层配线间的连续工作湿度应为（　　　）为正常范围。

A. 10%～40% B. 20%～90% C. 20%～80% D. 40%～80%

85. 在综合布线系统中，水平子系统的线缆长度的限制为（　　　）。

A. 180m B. 120m C. 90m D. 60m

试 题 答 案

第一章 建筑给水系统

1-5 CBDAB
6-10 ACDDD
11-15 BBBDC
16-20 AACCD
21-25 BBCBC
26-30 CBBCC
31-35 BBBDC
36-40 BDBCD
41-45 CCACD
45-50 ACDBB
51-55 CAADD
56-60 DACAD
61-65 BABCD
66-70 BACDD
71-75 CABDA
76-80 CACBA
81-85 ABCAC

86-90 AACBC
91-95 CCCBC
96-100 DBBAA
101-105 CCCCB
106-110 CCAAB
111-115 CCABD
116-120 BBAAB
121-125 CAADA
126-130 ACACB
131-135 BADCA
136-140 BACAA
141-145 CABAA
146-150 BBBDA
151-155 CABAA
156-160 BADAA
161-165 ABABD
166-170 CAACB

171-175 BBABA
176-180 ACBAB
181-185 CBDAD
186-190 ABCAA
191-195 BDCDD
196-200 DCDCC
201-205 CCADA
206-210 CACCB
211-215 CABAC
216-220 DADDB
221-225 DDBBB
226-230 CAACB
231-235 BBAAB
236-240 AAAAA
241-246 ACAAAD

第二章 建筑排水系统

1-5 BBABB
6-10 ADAAC
11-15 BBDAA
16-20 BCCCC
21-25 AAACB
26-30 BAACD
31-35 BBAAA
36-40 AACCB
41-45 CCDCC
46-50 BAABB

51-55 BDADC
56-60 BCACA
61-65 BCBCA
66-70 BACBC
71-75 DBAAB
76-80 ABBDC
81-85 BCADB
86-90 ABBBD
91-95 BCBCA
96-100 CDDBC

101-105 BDCBA
106-110 CCDAD
111-115 BADCA
116-120 DCADB
121-125 ADABA
126-130 DABAA
131-135 DBCCB
136-138 DCB

第三章 给排水施工与维护

1-5 DDABB

6-10 CCDCD

11-15 CCABA

16-20 DABAB
21-25 BCDCC
26-30 CCDBA
31-35 CBABA
36-40 CCBAC
41-45 ABADC
46-50 BABDB

51-55 BCBBC
56-60 BCCCC
61-65 CCCAD
66-70 BDBCB
71-75 CDAAC
76-80 ADBAB
81-85 BCBAB

86-90 CADBD
91-95 CCAAC
96-100 CCDDA
101-105 AABAC
106-110 ACADA
111-115 BACDA

第四章　供暖通风与空调

1-5 DBCCB
6-10 BCABC
11-15 CDBAD
16-20 BDCDD
21-25 ACBDB
26-30 CDCAA
31-35 BADBA
36-40 CDCDC
41-45 CCACB
46-50 DCAAB
51-55 AABBA
56-60 BBADC
61-65 ABCBD
66-70 DCABD
71-75 DBABC
76-80 ADCBA
81-85 AABCD
86-90 CABBC

91-95 ABDBD
96-100 CDBCA
101-105 BDACC
106-110 DDADB
111-115 ADDBB
116-120 CBCBB
121-125 AAAAD
126-130 ACDBD
131-135 BAABC
136-140 ABDAC
141-145 DADBD
146-150 BDCCC
151-155 ACCAD
156-160 DBDCC
161-165 BDCBB
166-170 ABACD
171-175 BCCBB
176-180 CABAB

181-185 AABAA
186-190 BABAA
191-195 BBABA
196-200 ABBBA
201-205 AABAA
206-210 BAABA
211-215 AAABB
216-220 AABAB
221-225 ACABA
226-230 BDCDD
231-235 CBCDC
236-240 CBCAA
241-245 DBDDB
246-250 DDDCB
251-255 DBDBC
256-261 DBDDBD

第五章　燃气与热水供应

1-5 CAABB
6-10 ADADA
11-15 BABCD

16-20 ABAAC
21-25 ADBBA
26-30 ABAAA

31-35 CDBAC
36-40 ABAAB

第六章　建筑供配电及照明系统

1-5 BABAC
6-10 BBCBD
11-15 CCCAD
16-20 AADDD
21-25 BAACD

26-30 CBACD
31-35 CACBA
36-40 DCCAB
41-45 CACCD
46-50 ADBBB

51-55 CDABC
56-60 BDABB
61-65 CBDBC
66-70 DADCC
71-75 AABDD

76-80 DCDCA

81-85 DDBBB

86-90 BCABA

91-95 ACCBD

96-100 BCCAB

101-105 BCBBB

106-110 BCACD

111-115 CADBD

116-120 ADDBD

121-125 CCBAC

126-130 DCDDB

131-135 DCDBA

136-140 DADAB

141-145 CDACB

146-150 ACDAA

151-155 CBCDD

156-160 ABCBB

161-165 DDDDC

166-167 DA

第七章 建 筑 弱 电

1-5 CACDD

6-10 BDDBC

11-15 BCCAC

16-20 BDCBD

21-25 AADBB

26-30 CDCDC

31-35 CACAA

36-40 CBABD

41-45 CBDAC

46-50 ACBBD

51-55 CBBAB

56-60 DCCCA

61-65 CCCAB

66-70 DBDDC

71-75 CDBCC

76-80 BACDB

81-85 DCBCC